DAS MIKROSKOP

Konstruktion und Verwendung

VON

ADOLPH HANNOVER

MIT 41 ABBILDUNGEN

NACHDRUCK DER ORIGINALAUSGABE VON 1854
(LEOPOLD VOSS, LEIPZIG)

ISBN: 978-3-86741-191-2
©EUROPÄISCHER HOCHSCHULVERLAG GMBH & CO
KG (WWW.EH-VERLAG.DE)

REIHE: HISTORICAL SCIENCE, BAND 18

DAS MIKROSKOP,

SEINE CONSTRUCTION UND SEIN GEBRAUCH

VON

A. HANNOVER,

EHRENDOCTOR DER MEDICIN ZU KOPENHAGEN.

MIT 41 ABBILDUNGEN.

LEIPZIG,
LEOPOLD VOSS.
1854.

VORWORT.

Der ausserordentliche Beifall, welchen vorliegendes Werkchen in allen Ländern gefunden hat, lässt auch für eine deutsche Uebersetzung desselben eine günstige Aufnahme hoffen. So vortreffliche grössere Lehrbücher über Construction und Gebrauch des Mikroskops wir auch bereits besitzen, so fehlte es doch an einem kurzen Leitfaden, in welchem namentlich auch die Behandlung der mannigfachen mikroskopischen Objecte in recht übersichtlicher praktischer Weise dem Anfänger vorgezeichnet wird. Gerade diese Eigenschaften empfehlen, nach des Uebersetzers Ueberzeugung, vorliegendes Vademecum zu einer recht allgemeinen Verbreitung. Das Mikroskop hat längst aufgehört, das privilegirte Eigenthum specieller Fachmänner zu sein; es lässt sich mit Recht fordern, dass jeder auf wissenschaftliche Bildung Anspruch machende Arzt dieses Instrument als unentbehrliches Werkzeug in seine Rüstkammer aufnehme, ebenso wie überhaupt Jeder, welcher irgend einen Zweig der Naturlehre zu seinem Aushängeschild macht. Wir glauben, mit dem Gebrauch des Mikroskops hinlänglich vertraut zu sein, um Jedem, welcher das unsichere, für den Uneingeweihten an Veranlassungen zu gefährlichen Täuschungen so reiche mikroskopische Sehfeld betritt, in vorliegendem Handbüchlein einen sichern Führer versprechen zu können.

Wir haben uns bei der Uebertragung ins Deutsche im Allgemeinen streng an das vortreffliche Original gehalten; da indessen seit dessen Erscheinen bereits wieder manche schöne Erfindung, manche wesentliche Verbesserung hinzugekommen ist, glaubten wir, dieselben in kurzen Anmerkungen dem Leser vorführen zu müssen. Wenn wir in diesen Anmerkungen hier und da uns auch erlaubt haben, eine aus eigner Erfahrung abgeleitete gute Regel oder diese und jene Methode einzuschalten, so hoffen wir, damit dem Verfasser nicht zu nahe getreten zu sein, und seinem Werk wenigstens keinen Eintrag gethan zu haben. Die ausgezeichnete Ausstattung, die meisterhaften Holzschnitte bedürfen keiner besonderen Empfehlung.

Leipzig, im December 1858.

DER UEBERSETZER.

EINLEITENDE BEMERKUNGEN.

Ein Gegenstand wird von dem Auge nur dann deutlich gesehen, wenn ein deutliches Bild von ihm auf der Netzhaut entworfen ist. Damit dies stattfindet, muss jeder der Strahlenbüschel, welche von jedem einzelnen leuchtenden Punkt des Gegenstandes ausgehen, auf der Netzhaut wieder in einem Punkt vereinigt sein. Trifft diese punktförmige Vereinigung der Strahlenbüschel vor oder hinter die Netzhaut, so entsteht auf derselben ein undeutliches Bild, mithin wird der Gegenstand undeutlich gesehen. Befindet sich der leuchtende Gegenstand in einer sehr grossen Entfernung, so kann man die von ihm ausgehenden Lichtstrahlen als parallel betrachten, und sämmtliche Strahlenbüschel werden sich in diesem Falle hinter der Linse des normalen Auges auf der Netzhaut vereinigen. Befindet sich aber der Gegenstand in grösserer Nähe, so dass die von ihm ausgehenden Strahlen merklich divergiren, so muss das Auge und seine brechenden Medien in der Weise der verschiedenen Entfernung des Gegenstandes angepasst werden, dass ein deutliches Bild desselben genau in die Ebene der Netzhaut selbst fällt. Das Anpassungsvermögen des Auges hat indessen gewisse Gränzen, besonders für nahe kleine Gegenstände; es giebt einen bestimmten Abstand vom Auge, bis auf welchen man kleinere Objecte, wenn sie in gewöhnlichem Grade beleuchtet sind, nähern kann, ohne dass sie undeutlich werden. Diesen Abstand nennt man die **Entfernung des deutlichen Sehens**.

Diese Entfernung des deutlichen Sehens, auch schlechthin **Sehweite** genannt, ist verschieden bei verschiedenen Individuen. Ein gesundes Auge kann im Allgemeinen Gedrucktes von gewöhnlicher Grösse in einer Entfernung von acht bis zehn Zoll lesen; eine kurzsichtige Person dagegen kann ein Buch dem Auge weit näher bringen, ohne der Deutlichkeit Eintrag zu thun, da die durchsichtigen Theile ihres Auges ein stärkeres Brechungsvermögen besitzen, und daher im Stande sind, auch die stark divergirenden Lichtstrahlen, welche bei Weitsichtigen die Ursache der Undeutlichkeit des Sehens bei zu grosser Annäherung der Objecte an das Auge sind, auf der Netzhaut zu vereinigen. Andererseits kann eine weitsichtige Person das Object in grössere Entfernung vom Auge ohne Verlust an Deutlichkeit bringen, da die durchsichtigen Medien ihres Auges ein schwächeres Refractionsvermögen besitzen und nur die parallelen oder schwach divergirenden Lichtstrahlen, welche von entfernteren Gegenständen ausgehen, auf der Retina vereinigen können. Diese Verschiedenheit in den Augen verschiedener Individuen ist die Ursache der verschieden grossen Entfernungen des deutlichen Sehens. Brewster hat diese Entfernung auf fünf, Andere haben sie auf fünfzehn Zoll festgestellt. Die gewöhnliche Entfernung beträgt indessen, wie bereits erwähnt, acht bis zehn Zoll. Wie wir sehen werden, ist die Bestimmung dieser Entfernung von grosser Wichtigkeit für die Mikrometrie. Für mikroskopische Untersuchungen rechnen wir nach dem französischen Optiker Charles Chevalier den Abstand des deutlichen Sehens fünfundzwanzig Centimeter (also ohngefähr zehn Zoll). Diese Maassangabe hat den Vorzug des Decimalsystems, wenn wir uns der entsprechenden Maasseintheilung bedienen; leider begegnen wir noch immer einem grossen Mangel an Uebereinstimmung in der Bestimmung mikroskopischer Grössenverhältnisse, ebenso wie in allen anderen Maassbestimmungen des gewöhnlichen Lebens.

Wir bilden uns eine Vorstellung von der Grösse eines Gegenstandes nach der Grösse des Winkels, unter welchem sich die von den beiden äussersten Punkten des Objects ausgehenden Lichtstrahlen hinter der Linse des Auges schneiden. Dieser Winkel wird der Gesichtswinkel genannt. Alle Gegenstände, welche unter demselben Gesichtswinkel gesehen werden, erscheinen von derselben Grösse. So erscheinen uns

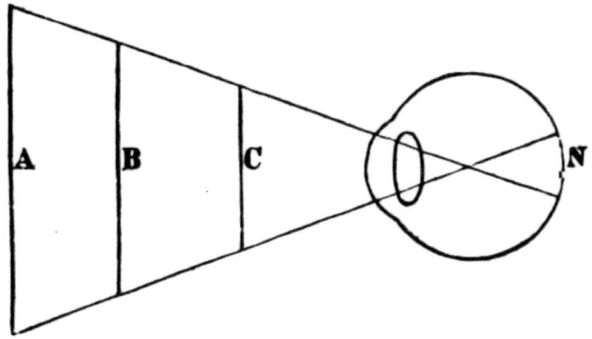
die Objecte A B C gleich gross, weil der Gesichtswinkel derselbe ist, und der Raum, welchen ihre Bilder auf der Retina N einnehmen, unverändert bleibt, obwohl die Entfernung der Gegenstände verschieden ist und sie selbst von verschiedener Grösse sind.

Betrachten wir denselben Gegenstand aus verschiedenen Entfernungen, so wird er grösser oder kleiner erscheinen, jenachdem er sich näher oder entfernter vom Auge befindet. Die scheinbare Grösse hängt demnach von der Grösse des Gesichtswinkels ab.

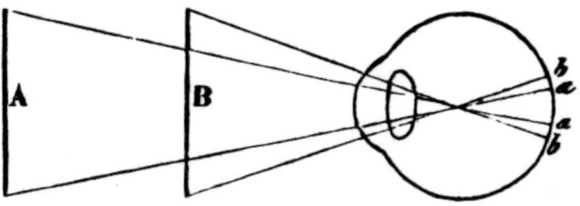

Betrachten wir z. B. die Linie A, so beurtheilen wir ihre Grösse nach der ihres Bildes auf der Netzhaut a a, oder nach der des Gegenwinkels vom Gesichtswinkel; wollen wir den Gegenstand bei derselben Beleuchtung vergrössert sehen, so bringen wir ihn näher an das Auge nach B, denn dann wird das Bild auf der Netzhaut b b grösser als a a. Die scheinbare Grösse zweier Linien steht demnach in umgekehrtem Verhältniss zu ihren Entfernungen vom Auge, und da eine Ebene Ausdehnung in zwei Richtungen besitzt, so steht die scheinbare Grösse von zwei gleichen Ebenen in umgekehrtem Verhältniss zu den Quadraten ihrer Entfernungen.

Es könnte nach dem Gesagten scheinen, als hätten wir das Vermögen, Gegenstände durch immer grössere Annäherung an das Auge immer mehr zu vergrössern; allein hierin stossen wir auf eine bestimmte Gränze. Sobald wir das Object zu nahe bringen, oder mit andern Worten, sobald wir bei dessen Annäherung die Gränze des deutlichen Sehens überschreiten, wird es in Folge der zu beträchtlichen Divergenz der Lichtstrahlen undeutlich. Ein kurzsichtiges Auge kann, wie wir gesehen haben, stärker divergirende Strahlen noch vereinigen, kann folglich ein Object in grösserer Nähe noch deutlich, und daher auch grösser sehen, als ein weitsichtiges Auge; ersteres sieht demnach kleinere Gegenstände besser als letzteres. Was für das Bild, welches im unbewaffneten Auge entsteht, gilt, ist in gleicher Weise auch auf das Bild, welches mit Hülfe von Vergrösserungsinstrumenten entsteht, anwendbar. Einer kurzsichtigen Person, deren Schweite nur fünf Zoll beträgt, wird eine gegebene Vergrösserung geringer erscheinen als einer weitsichtigen.

Um einen Gegenstand vergrössert zu sehen, ohne seine Deutlichkeit bei zu grosser Annäherung an das Auge zu vermindern, machen wir das Auge kurzsichtig, indem wir die zu stark divergirenden Lichtstrahlen parallel oder nahezu parallel machen. Eine der Methoden, durch welche sich dieser Zweck erreichen lässt, lernen wir von der Natur bei Betrachtung der Structur unseres Auges. Wir bringen zwischen unser Auge und das Object einen durchsichtigen Körper, dessen Oberflächen die Eigenschaft haben, die Richtung der Lichtstrahlen so zu ändern, dass divergirende oder parallele Strahlen convergirend werden. Einen solchen Körper nennen wir eine Linse; allein unter demselben Namen begreifen wir auch solche Körper, welche umgekehrt convergirende oder parallele Strahlen divergirend machen. Man unterscheidet folgende Arten von Linsen nach der Beschaffenheit ihrer Oberflächen:

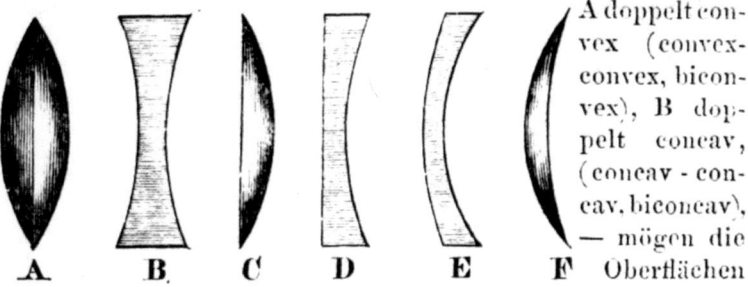

A doppelt convex (convex-convex, biconvex), B doppelt concav, (concav-concav, biconcav), — mögen die Oberflächen

Kugelausschnitte von gleichen oder verschiedenen Radien sein —; C plan-convex, mit einer ebenen und einer convexen Oberfläche; D plan-concav, mit einer ebenen und einer concaven Oberfläche; E concav-convex, mit einer concaven und einer convexen Oberfläche, welche sich entweder, wie in E, niemals schneiden, wie weit man sie auch verlängern mag, oder welche, wie in F, einen Meniscus bilden, indem sie sich, wenn man sie verlängert, einander durchschneiden: periskopische Linsen. Ein Durchschnitt einer Linse der zuletztgenannten Art ist daher halbmondförmig.

In den folgenden Betrachtungen werden wir unsere Aufmerksamkeit hauptsächlich auf Linsen von Glas richten, weil dieses Material es ist, aus welchem sie gewöhnlich bestehen. Um die Brechung der Lichtstrahlen, welche der Gegenstand der Dioptrik ist, zu begreifen, ist es nöthig, zuerst ihre Brechung in durchsichtigen Körpern mit ebenen Oberflächen zu untersuchen.

So lange ein Lichtstrahl in demselben Medium sich fortbewegt, verfolgt er seinen Weg ununterbrochen in einer geraden Linie. Trifft er die Oberfläche eines durchsichtigen Körpers unter einem rechten Winkel, so behält er noch immer dieselbe Richtung bei; trifft er dagegen die Oberfläche unter einem andern Winkel, so wird er gebrochen, und zwar gilt dieses Gesetz ebensowohl, wenn der neue Körper eine ebene, als wenn er eine gekrümmte Oberfläche hat. In letzterem Fall handelt es sich um die Richtung des Lichtstrahls gegen die Tangente, welche in dem Punkte des Auftreffens senkrecht auf dem Radius der gekrümmten Oberfläche steht. Die Richtung, in welcher der Lichtstrahl seinen Weg fortsetzt, hängt von der Dichtigkeit der Körper ab. Gehen Strahlen aus einem dünneren Medium in ein dichteres über, so nähern sie sich dem Strahl, welchen man sich in senkrechter Richtung auf das neue Medium denkt; gehen sie aus einem dichteren Medium in ein dünneres über, so werden sie von diesem lothrechten Strahl weggebrochen. Geht z. B. der schiefe Strahl AB aus der Luft in eine Glasplatte gg über, so wird er sich dem Loth PL nähern, und die Richtung BC annehmen; geht er auf der anderen Seite aus dem dichteren

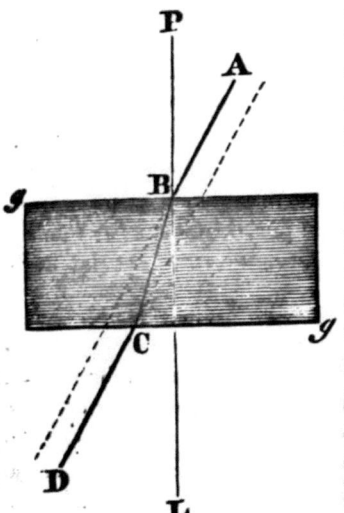

Medium, dem Glas, wieder in die Luft über, so wird er von dem Loth abgewendet, und nimmt daher die Richtung C D an.

Sind die Oberflächen des Glases g g parallel, so wird auch C D parallel A B, mit andern Worten der gebrochene austretende Strahl setzt seinen Weg in einer Richtung fort, welche der des einfallenden parallel ist. Sind dagegen die Oberflächen nicht parallel, so fällt der Parallelismus des aus- und eintretenden Strahles weg.

Dies findet z. B. bei dem Durchgang eines Strahles durch ein dreiseitiges Prisma Statt.

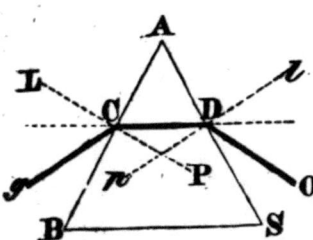

Fällt der Strahl g C schief auf die Oberfläche A B, so nähert er sich der Linie L P, welche senkrecht auf A B steht, und nimmt die Richtung C D an; geht er aber aus dem Prisma wieder in die Luft über, so wird er von der Linie l p abgelenkt, welche senkrecht auf A S steht, und geht in der Richtung D O, also nicht parallel dem auffallenden Strahl g C, fort. Daraus folgt, dass ein Auge, welches sich in O befindet, den Punkt g in der Richtung O D wahrnimmt. Die beiden Oberflächen A B und A S, durch welche der Strahl geht, bilden den **brechenden Winkel A**, und die gegenüberliegende Seite B S bildet die **Basis des Prismas**.

Die Brechung der Lichtstrahlen durch eine Linse folgt denselben Gesetzen, wie die Brechung durch ein dreiseitiges Prisma. Wir wollen zunächst den einfachsten Fall betrachten, wenn parallele Lichtstrahlen senkrecht auf die ebene Oberfläche einer plan-convexen Linse fallen, deren Convexität ein Kugelsegment mit dem Radius CS ist. Die Strahlen RS, AS und RS gehen in unveränderter paralleler Richtung durch die Linse, bis sie

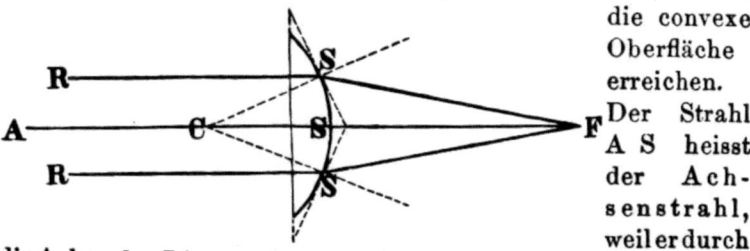

die convexe Oberfläche erreichen. Der Strahl AS heisst der Achsenstrahl, weil er durch die Achse der Linse geht, d. i. die Linie, welche man sich durch die Mittelpunkte der beiden Oberflächen der Linse gezogen denkt. Da der Radius CS senkrecht auf der in S errichteten Tangente steht, geht der mit ihm zusammenfallende Strahl AS ununterbrochen in derselben Richtung fort nach F. Die Randstrahlen RS und RS verlieren wie in dem Prisma ihren Parallelismus, und werden in gleichem Maasse von dem Loth, welches der Radius CS vorstellt, weggebrochen. Sie convergiren nach dem Punkt F. Dieser Punkt, in welchem die parallelen Strahlen vereinigt werden, heisst der Focus oder Brennpunkt der Linse. Bei einer plan-convexen Linse liegt der optische Mittelpunkt der Linse in dem Punkt, in welchem die Achse die convexe Oberfläche trifft; bei einer doppeltconvexen Linse liegt er innerhalb der Linse, in ihrem wirklichen Mittelpunkt, wenn die Oberflächen gleiche Krümmung haben. Der Abstand des Focus von dem optischen Mittelpunkt heisst die Focaldistanz der Linse; ihre Grösse hängt von dem Material der Linse und der Krümmung ihrer Oberflächen ab; je grösser das Brechungsvermögen des Materials und je grösser die Krümmung der Oberflächen, desto geringer ist die Focaldistanz einer convexen Linse.

Der Durchgang verschiedener Strahlen durch eine doppeltconvexe Linse wird aus umstehender Figur einleuchten.

Wenn die Strahlen P, A, P, welche einander und der Linsenachse parallel sind, durch eine doppeltconvexe Linse gehen, so werden sie an beiden convexen Oberflächen gebrochen und sodann im Focus F vereinigt. Wenn die Strahlen DD gegen die Linse divergiren, werden sie sich auf der anderen Seite derselben in dem Punkt D' wieder treffen, welcher jenseits des

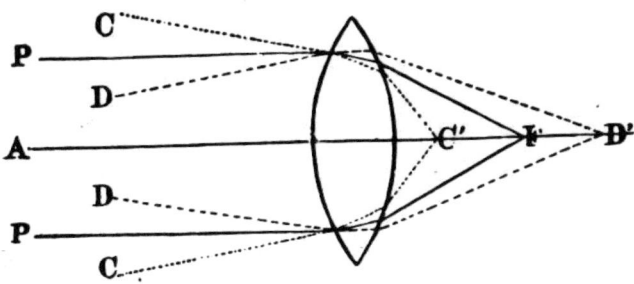

Focus liegt. Je näher sich die Linse dem Punkt befindet, von welchem die Strahlen ausgehen, desto entfernter von ihr liegt der Punkt, in welchem sich die Strahlen auf der andern Seite der Linse vereinigen, und liegt der Ausgangspunkt der Strahlen im Focus der Linse selbst, so treten sie parallel aus ihr aus, und treffen sich daher niemals; sie divergiren endlich beim Austritt, wenn ihr Ausgangspunkt zwischen der Linse und dem Focus liegt. Kommen umgekehrt convergirende Strahlen C C auf die Linse, so vereinigen sie sich in einem Punkt C' zwischen der Linse und ihrem Brennpunkt. Je grösser der Abstand desjenigen Punktes von der Linse ist, in welchem die Strahlen, wenn man sie rückwärts verlängert, sich treffen werden, desto näher wird ihr Convergenzpunkt dem Focus liegen, da ihre Divergenz sich mehr und mehr der Richtung paralleler Strahlen nähert, und wird endlich mit dem Focus zusammenfallen.

Wenn parallele Strahlen auf eine doppeltconvexe Linse in schiefer Richtung zu deren Achse auftreffen, so werden sie in Punkten vereinigt, welche in derselben Richtung wie der Hauptstrahl der schiefen Strahlen liegen. Der Hauptstrahl ist derjenige, welcher durch den optischen Mittelpunkt der Linse geht.

Die Brechung durch Kugeln geschieht in derselben Weise, wie durch doppeltconvexe Linsen, deren Oberflächen gleich gekrümmt sind, nur dass die Brechung stärker ist und der Focus demgemäss näher an der Kugel liegt. Das Brechungsvermögen kann so stark sein, dass der Brennpunkt in die Linse selbst fallen kann; dies ist der Fall bei Diamantkugeln, welche daher zur Vergrösserung von Objecten unbrauchbar sind.

Concavlinsen folgen denselben Gesetzen, wie die convexen; allein die Richtung der Strahlen ist hier direct entgegengesetzt. Wenn die Strahlen R R einander und dem Achsenstrahl A S parallel sind, so werden sie beim Austritt divergiren; der Achsenstrahl, welcher mit dem Radius der Curve, deren Centrum in C ist, zusammenfällt, geht ungebrochen durch die Linse.

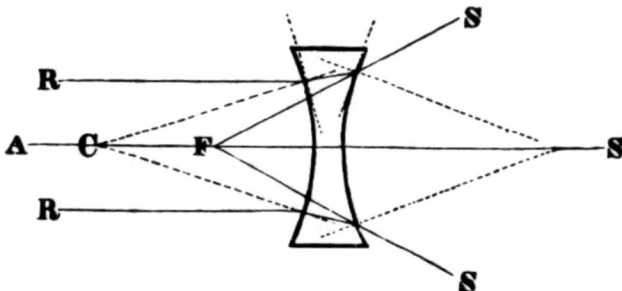

Die von R R ausgehenden Strahlen werden beim Eintritt zunächst gegen den Radius, welcher senkrecht auf der Tangente des Eintrittspunktes steht, zugebrochen; aber beim Austritt werden sie von dem senkrecht auf der Tangente der andern Curvatur der Linse stehenden Radius weggebrochen, und so divergiren sie nach S S. Der Punkt F heisst der imaginäre oder negative Focus; dieser befindet sich an der Stelle, wo die nach rückwärts verlängerten divergirenden Strahlen sich schneiden. Fallen divergirende Strahlen auf eine Concavlinse, so wächst ihre Divergenz nach dem Durchgang durch dieselbe; convergirende Strahlen werden bei ihrem Austritt weniger convergiren oder selbst divergiren, je nach dem Grade ihrer Convergenz.

Es geht aus dem Gesagten hervor, dass die Convexlinsen das Vermögen haben, die Lichtstrahlen zu sammeln, die Concavlinsen, dieselben zu zerstreuen. Eine concav-convexe und eine periskopische Linse wirkt wie eine concave oder eine convexe, jenachdem die concave oder convexe Oberfläche eine grössere Krümmung hat.

Bevor wir weiter gehen, müssen wir einiger Fehler der Linsen gedenken, der sogenannten sphärischen Aberration und der Farbenzerstreuung. Es werden nicht alle Strahlen so gleichmässig durch alle Theile der Linse gebrochen, als wir bei den vorhergehenden Betrachtungen im Allgemeinen angenommen haben; diejenigen Strahlen, welche der Linsenachse näher durch dieselbe gehen, die **centralen Strahlen** werden weniger stark gebrochen, als die den Rändern der Linse näher durchgehenden, die **Randstrahlen**; es werden daher die Strahlen in verschiedenen Brennpunkten vereinigt, und der Gegenstand, oder sein Bild erscheint daher verwischt. Diese Abweichung der Strahlen von dem Hauptbrennpunkt nennt man die **sphärische Aberration**.

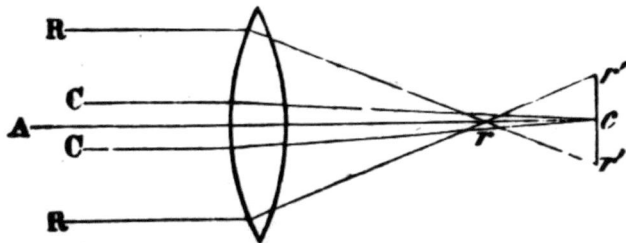

Wie die Figur zeigt, werden die centralen Strahlen C C in c vereinigt, die Randstrahlen R R in r. Die Entfernung rc an dem Achsenstrahl heisst die **longitudinale Aberration**; die Entfernung r' r', welche den Abstand der Randstrahlen auf einer durch den Brennpunkt der centralen Strahlen senkrecht auf den Achsenstrahl gelegten Ebene darstellt, heisst die **seitliche Aberration**. Die sphärische Aberration nimmt zu mit der Convexität der Linsen; sie ist daher grösser, wenn beide Oberflächen der Linse gleich gekrümmt sind, geringer, wenn sie ungleich gekrümmt sind, oder wenn eine Oberfläche plan oder elliptisch ist; sie ist demnach auch geringer in periskopischen Linsen. Das günstigste Verhältniss ist, wenn sich die Krümmungshalbmesser verhalten, wie 1 zu 6. Man vermeidet die sphärische Aberration durch Abhaltung der Randstrahlen. Dies geschieht, wenn man vor der Linse eine undurchsichtige Platte anbringt, welche in ihrer Mitte für die centralen Strahlen eine runde Oeffnung hat. Eine solche Vorrichtung heisst ein **Diaphragma**. Der Vortheil, den ein solches bietet, ist, dass der Gegenstand oder sein Bild deutlicher erscheint, allein das Bild ist weniger hell, weil weniger Lichtstrahlen durch die-

Linse passiren können. Die sphärische Aberration kann ferner beträchtlich vermindert werden, wenn man verschiedene Linsen hintereinander in derselben Achse anbringt.

Das Sonnenlicht ist bekanntlich nicht homogen, sondern aus verschiedenen Arten von Licht zusammengesetzt, deren jede eine andere Farbe hat, nämlich violet, indigoblau, blau, grün, gelb, orange und roth. Das Licht wird bei seinem Durchgang durch einen brechenden Körper in diese seine Elemente zerlegt. Da jede Farbe in verschiedenem Grade gebrochen wird, so werden die rothen Strahlen, welche am schwächsten gebrochen werden, in R vereinigt, also in einem grössern Abstand von der Linse, als die violetten Strahlen, welche am stärksten gebrochen und daher früher in V vereinigt werden. Der Abstand zwischen V und R auf der Achse des Strahlenbüschels heisst die

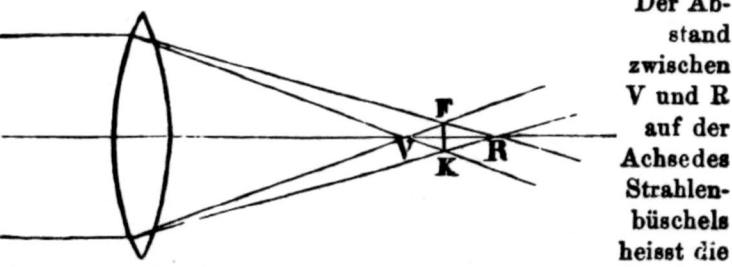

chromatische Aberration; alle anderen farbigen Strahlen werden in verschiedenen Punkten zwischen V und R vereinigt. Wenn demnach ein Gegenstand oder sein Bild sich zwischen den Brennpunkten der rothen und violetten Strahlen befindet, so wird es mit farbigen Rändern umgeben erscheinen, in verschiedenem Grade, je nachdem es sich näher oder entfernter von den Brennpunkten dieser zwei Farben befindet. Es wird fast farblos erscheinen, wenn es sich an dem Durchschnittspunkt der rothen und violetten Strahlen in FK, d. i. in dem Kreis der geringsten Farbenzerstreuung der Linse befindet. Dieser Kreis ist die Basis eines Conus von Farben, dessen Spitze in R ist. Ist die sphärische Aberration beträchtlich, so ist auch die Farbenzerstreuung vermehrt, steht also ebenfalls im Verhältniss zu der Convexität der Linse. Dieser Uebelstand wird theilweise vermieden, wenn man die Lichtstrahlen durch eine doppeltconvexe und eine doppeltconcave Linse treten lässt, wodurch die von der ersteren zur Convergenz gebrachten Strahlen von letzterer wieder divergent gemacht und auf diese Weise corrigirt werden. Die beste Methode der Correction dieses Fehlers besteht in der Combination zweier Linsen aus verschiedenem Material von verschiedenem Brechungsvermögen. Zu diesem Zweck wendet man zwei verschiedene Glassorten an, das härtere Crown-Glas zu der doppeltconvexen Linse C, das wegen seines grossen Bleigehalts weichere Flintglas zu der plan-concaven oder doppeltconcaven Linse F. Die beiden Linsen werden meistens mittelst Terpentin oder canadischem Balsam zusammengekittet; zuweilen wird ein freier Raum zwischen beiden gelassen (dialytische Linsen). Zwei so combinirte Linsen sind achromatisch und der Achromatismus, d. i. das Fehlen der Farbenzerstreuung, ist ein unerlässliches Erforderniss für gute Linsen. Keiner der bisherigen Versuche, die Farbenzerstreuung mit einfachen Linsen zu corrigiren, hat sich vollständig durch den Erfolg bewährt.

Nach diesen einleitenden Bemerkungen gehen wir zur Betrachtung der Anwendung convexer Linsen zur Vergrösserung eines Gegenstandes oder seines Bildes über.

ERSTES KAPITEL.

VON DEM EINFACHEN MIKROSKOP.

Wir haben im Vorhergehenden gesehen, dass, je mehr man ein Object dem Auge nähert, desto grösser dasselbe erscheint, weil der Gesichtswinkel grösser wird; aber wir haben andererseits auch gesehen, dass diese Annäherung des Gegenstandes an das Auge eine Gränze hat, welche durch die Sehweite bestimmt wird. Denn während der Gesichtswinkel bei der Annäherung ans Auge wächst, wird die zu grosse Divergenz der vom Object ausgehenden Lichtstrahlen die Ursache, dass es undeutlich erscheint, da das Auge ja nur dann die von jedem Punkt des Objectes ausgehenden Strahlen auf der Retina zu einem Bild zu vereinigen vermag, wenn dieselben parallel oder sehr mässig divergent sind. Letzteres kann erreicht werden, wenn man eine Convexlinse zwischen das Auge und das zu stark genäherte Object bringt.

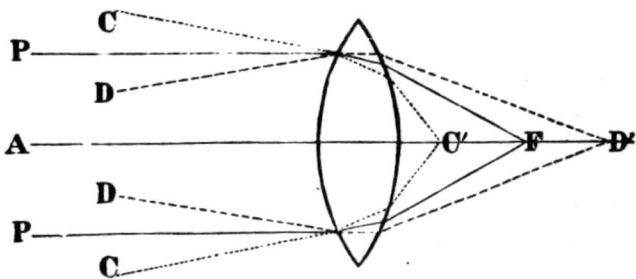

So sehen wir in vorstehender Figur die von F ausgehenden Strahlen nach ihrem Durchgang durch die Linse parallel werden; es können daher vermittelst der Linse, wenn ein Gegenstand sich in F oder zwischen F und C', aber näher an F als an

C' befindet, die parallelen oder nur wenig divergenten Strahlen auf der Retina zu einem Bild vereinigt werden. Wir sehen aber auch mit Hülfe einer Linse einen Gegenstand unter grösserem Gesichtswinkel und daher grösser. Gesetzt, der Gegenstand AB kann nicht wahrgenommen werden vom Auge, weil er zu entfernt davon ist, oder mit andern Worten, weil der Gesichtswinkel, unter welchem er in dieser Entfernung erscheint, zu klein ist, als dass ein wahrnehmbarer Eindruck auf der Retina entstehen könnte. Bringen wir aber zwischen das Auge und den Gegenstand eine Linse an, und zwar in einem solchen Abstand,

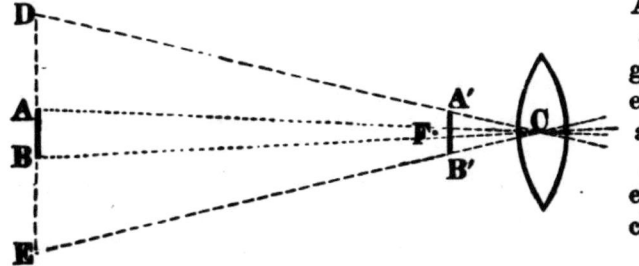

dass die von dem Gegenstand ausgehenden, stark divergirenden Strahlen hinter der Linse parallel oder wenig divergirend weitergehen, — und das geschieht, wenn wir den Gegenstand in den Focus der Linse F, oder noch etwas nach innen von diesem, der Linse näher, nach A' B' bringen, — so leuchtet ein, dass der Winkel DCE grösser sein muss, als der Winkel ACB, und dass der Gegenstand in der Richtung CD und CE, also unter grösserem Gesichtswinkel gesehen werden muss, und zwar bei einem Abstand vom Auge, bei welchem er ohne Dazwischenkunft der Linse gar nicht wahrgenommen werden könnte.* Der Gegenstand wird uns um so grösser erscheinen, je mehr der Winkel DCE den Winkel ACB an Grösse übertrifft, oder je weiter der Abstand von A' B' nach C, oder die Focaldistanz der Linse innerhalb die normale Sehweite von 10 Zoll fällt. Man findet daher die

---

* *Anm. des Verf.* Der geringste Gesichtswinkel, unter welchem ein Gegenstand wahrgenommen werden kann, wird zu einer halben bis zu einer ganzen Minute angenommen; es kommt hierbei aber ausser der Gestalt des Objects noch der Grad der Beleuchtung und der Hintergrund, auf welchem es gesehen wird, in Betracht.

Vergrösserungskraft einer Linse, wenn man die Sehweite durch die Focaldistanz dividirt; je kleiner der Divisor, je geringer also die Focaldistanz, desto grösser muss der Quotient, d. i. die Vergrösserungskraft der Linse ausfallen. Die stärker convexen Linsen, welche eine kürzere Focaldistanz haben, müssen daher in stärkerem Maasse vergrössern.

Je grösser der Querdurchmesser der Linse, eine desto grössere Anzahl von Lichtstrahlen kann durch dieselbe gehen; durch eine breite Linse kann man daher eine Oberfläche ebensowohl in grösserer Ausdehnung, als auch heller sehen. Die Beleuchtungskräfte zweier Linsen verhalten sich, wie die Quadrate ihrer Breiten; da man aber die Randstrahlen wegen der sphärischen Aberration ausschliessen muss, ist es nothwendig, das Gesichtsfeld, d. i. die Oberfläche, welche das Auge auf einmal durch die Linse übersehen kann, durch ein Diaphragma zu beschränken. Die Güte einer Linse ist daher wesentlich abhängig von der Beseitigung der sphärischen Aberration zugleich mit einer geeigneten Beschränkung des Sehfeldes, durch welche die Beleuchtungskraft geschmälert wird. Das gewöhnliche Material, aus welchem die Linsen verfertigt werden, ist Glas. Dieses muss völlig homogen sein, ohne Blasen und Streifen, vollständig durchsichtig und farblos. Solche convexe Glaslinsen stellt man entweder durch Schmelzen oder durch Schleifen her.

Vor etwa zwei Jahrhunderten fertigten Hooke (1656) und Hartsoeker (1674) kleine Glaskugeln aus feinem Glasfaden und schlossen sie zwischen zwei Bleiplatten ein; Della Torre bildete Glaskugeln mit Hülfe der Glasbläserpfeife; Butterfield verwendete dazu fein pulverisirtes Glas, welches er an einer Nadel in die Flamme hielt, Sivright goss die Kugeln auf einer Oeffnung in einer Platinplatte, durch welches Verfahren dieselben gleichzeitig in einen Rahmen eingeschlossen wurden. Selbst in neuerer Zeit hat diese Methode, Linsen zu fertigen, Anhänger gefunden; Lebaillif machte Glaskugeln aus feinen Glasstangen, während Harting (1840) sich Sivright's Methode bediente. Allein bei Glaskugeln ist immer die sphärische Aberration viel zu beträchtlich; dieselbe kann zwar durch ein Diaphragma gemindert werden, die Oeffnung wird dann aber so eng, dass das Auge nur einen sehr kleinen Theil des Gegenstandes, welcher noch dazu nicht hinreichend beleuchtet und zu nahe an der Linse ist, übersehen kann. Man hat aber auch Linsen aus anderen Substanzen gemacht; so beobachtete STEPHAN GRAY, dass die Flecke, welche man in Glaskugeln findet, stark vergrössert erschienen, wenn er sie nahe an's Auge hielt; er kam daher auf die Idee, ein kleines Loch in eine Metallplatte zu bohren, brachte er in dieses einen Wassertropfen, welcher Thierchen enthielt, so erschienen dieselben in dem sphärisch gewordenen Tropfen vergrössert. HOOKE folgte derselben Idee, indem er Glaslinsen in Contact mit einer Flüssigkeit brachte, und so eine Linse erhielt, welche durch Combination eines festen und flüssigen Körpers gebildet war. BREWSTER (1837) wurde wahrscheinlich durch diese Versuche darauf gebracht, andere, stärker als Wasser brechende Flüssigkeiten zu verwenden, — z. B. Schwefelsäure, Ricinusöl, besonders Terpentin oder Canadabalsam, — welche er in Tropfen auf einer oder beiden Seiten einer Glasplatte auftrocknen liess. Solche Linsen konnten ein ganzes Jahr lang erhalten werden. Er bediente sich ferner auch der Krystalllinsen von Weissfischen *(Cyprinus alburnus)* und andern kleinen Fischen. Alkohol und andere flüchtige Oele können wegen ihrer Flüchtigkeit nicht verwendet werden, trotz ihres hohen Brechungsvermögens. Die Untauglichkeit aller der genannten Materialien liegt indessen auf der Hand.

Edelsteine sind in hohem Grade zu geschliffenen Linsen geeignet. BREWSTER liess zwei Linsen fertigen, eine aus einem Rubin, die andere aus einem Granat, und bemühte sich im Jahre 1813, aus Diamant Linsen geschliffen zu erhalten; Anfangs konnte er Niemand finden, der es unternehmen wollte, sie zu schleifen, bis PRITCHARD im Jahre 1826 unter GORING's Leitung die erste Diamantlinse mit einer Focaldistanz von weniger als einem Millimeter vollendete. Die Vorzüge solcher Linsen sind ihr starkes Brechungsvermögen, ihr beinahe vollkommener Achromatismus, und die geringe sphärische Aberration. Diese Aberration wächst, wie wir gesehen haben, mit der Convexität der Linse; da nun aber der Diamant das Licht ausserordentlich stark bricht, so kann man denselben Vergrösserungseffect erreichen mit einer Diamantlinse, welche nicht halb so stark convex ist, als eine Glaslinse. Das Sehfeld wird dabei ausgebreiteter sein, während gleichzeitig der Abstand des Objectes von der Linse beträchtlicher wird. Dennoch haben Diamantlinsen die von ihnen gehegten Erwartungen nicht vollkommen befriedigt; denn die Krystallform des Diamants, seine doppelte Brechung und Polarisation, die mechanischen Schwierigkeiten, welche sich besonders dem Schleifen entgegenstellen, sowie seine Kostbarkeit, setzen seiner Verwendung so bedeutende Hindernisse entgegen, dass Diamantlinsen nicht in allgemeinen Gebrauch gekommen sind; auch ist man mit ihrer Hülfe durchaus nicht etwa zu einer Entdeckung gelangt, welche nicht ebensogut mit Hülfe eines guten zusammengesetzten Mikroskops hätte gemacht werden können. Dazu kommt, dass der Gebrauch einer einfachen sehr starken Linse das Auge immer in hohem Grade anstrengt; ausserdem ist das Gesichtsfeld zu klein, und bei sehr starken Linsen wird die Focaldistanz stets so gering, dass das Object leicht an der Linse haftet. Eine Linse von Edelsteinen mag an sich allerdings einer Glaslinse vorzuziehen sein, welche auch Beschädigungen mehr ausgesetzt ist; aber sie besitzt keine Vorzüge vor einem zusammengesetzten Mikroskop. Verwendet man Zirkon, Saphir, Topas, oder andere Steine, welche doppelte Brechung haben, so müssen sie so geschliffen sein, dass die Achse der Linse mit der Achse der doppelten Brechung zusammenfällt. BREWSTER hält Granatlinsen für besser, als Rubinlinsen.

Eine besondere Form stellen die sogenannten sphärischen Linsen *(Lentilles oil d'oiseau)* dar; die erste Idee zu denselben rührt von BREWSTER her, CODDINGTON modificirte sie

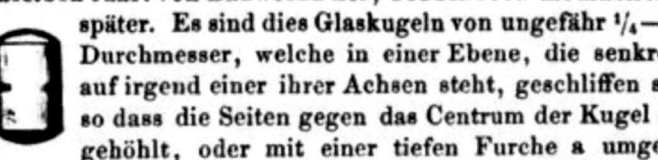

später. Es sind dies Glaskugeln von ungefähr $1/4 - 1/2''$ Durchmesser, welche in einer Ebene, die senkrecht auf irgend einer ihrer Achsen steht, geschliffen sind, so dass die Seiten gegen das Centrum der Kugel ausgehöhlt, oder mit einer tiefen Furche a umgeben sind, in welcher man ein Diaphragma zur Abhaltung der Randstrahlen anbringt. Solche Linsen geben sehr deutliche Bilder; aber auch bei ihnen ist das Sehfeld sehr klein und der Focalabstand zu kurz. Man hat diese Uebelstände zu beseitigen versucht, indem man den Oberflächen des Cylinders verschiedene und geringere Krümmungen gab, und das Sehfeld durch Erweiterung der Oeffnung im Diaphragma vergrösserte; aber in Eolge davon wächst auch die sphärische Aberration. Auf der andern Seite hat man die Convexität der Linse so gross gemacht (STANHOPE), dass ihr Focus mit der Oberfläche der Linse zusammenfällt, so dass man das Object, welches man betrachten will, an die Oberfläche ankleben und so gegen das Licht halten muss. Diese Linsen sind wenig in Gebrauch, haben aber den Vortheil, dass man sie ohne Nachtheil in Wasser eintauchen kann, und dass sie aus einem einzigen Glas bestehen. Die obengenannten Uebeistände sind bei Weitem geringer bei der Anwendung von Doppellinsen (Doubletten). WOLLASTON construirte zuerst im Jahre 1812 eine periskopische Doppellinse: sie bestand aus zwei planconvexen Linsen von gleicher Krümmung, welche mit ihren planen Flächen aneinandergelegt waren, nur noch getrennt durch ein dazwischenliegendes Diaphragma, dessen Oeffnung etwa $1/5$ der Focaldistanz der Doppellinse betrug. Dieser Apparat hat indessen den Fehler, dass er wie eine biconvexe Linse wirkt, in welcher die Farbenzerstreuung und sphärische Aberration immer grösser ist, als in einer planconvexen. Die mikroskopische Doppellinse, welche WOLLASTON im Jahre 1828 construirte, ist besser. Dieses Instrument gleicht zwei ineinander gesteckten Fingerhüten, vor jedem derselben befindet sich eine planconvexe Linse mit der planen Fläche gegen das zu beobachtende Object gerichtet. Wäre die convexe Oberfläche dem Object zugewendet, so würde die Linse leichter beschmutzt und beschädigt werden. Die Focaldistanz der beiden Linsen verhält sich wie 3 : 1, die stärkere befindet sich dem Object zunächst. PRITCHARD änderte den Abstand zwischen beiden Linsen. Da aber die Dicke der Doppellinse und die kurze Focaldistanz Hindernisse waren für das Präpariren unter der Linse, während die sphärische Aberration und Farbenzerstreuung fast gänzlich beseitigt waren, so construirte CHARLES CHEVALIER eine andere Doublette, bestehend aus zwei planconvexen Linsen, a und b, von gleicher Stärke, aber ungleicher Grösse, mit ebenfalls dem Object zugewandten planen Flächen; beide Linsen sind durch ein Diaphragma getrennt. Die grössere Linse befindet sich dem Object zunächst.

Ich ziehe diese Doublette allen anderen vor. Die ganze Doppellinse, welche nicht so dick, als die von Wollaston ist, lässt mehr Lichtstrahlen hindurch, und es ist hinreichender Zwischenraum zwischen Linse und Object vorhanden. Chevalier macht diese Linsen von verschiedenen Focaldistanzen; er bringt ausserdem eine achromatische Concavlinse über der Doppellinse an, um bei einer stärkeren Vergrösserung den Abstand zwischen Linse und Object zu vergrössern. Pritchard hat dreifache Linsen nach demselben Principe, wie die Doubletten, construirt, die oberste Linse ist die schwächste; allein die Centrirung der drei Linsen ist sehr schwierig. Die älteren Linsen von Wilson und Fraunhofer können ebenfalls als Doubletten betrachtet werden; sie bestehen aus zwei planconvexen Linsen, welche in verschiedenem Abstande in eine Röhre eingepasst sind, mit einander

zugekehrten convexen Oberflächen. Wilson's Linse wird noch häufig benutzt. Die convexen Flächen ihrer beiden Linsen sind einander zugekehrt; zwischen beiden ist ein Diaphragma a angebracht.

Eine Combination verschiedener dieser Linsengattungen nennt man ein Linsensystem; der Vorzug, den ein solches gewährt, ist, wie schon erwähnt, dass Sehfeld und Focaldistanz nicht verkleinert werden, trotzdem dass eine stärkere Vergrösserung und Achromatismus erzielt werden. Ist die Combination von der Art, dass nicht allein die Farbenzerstreuung, sondern auch die sphärische Aberration (soweit als möglich) beseitigt ist, so nennt man das Linsensystem ein aplanatisches. Ein Object, durch ein solches System betrachtet, erscheint vollkommen frei von Farbenringen, und zugleich vollkommen klar und scharf contourirt. Die Linse ist gewöhnlich eingefügt in einen Ring oder eine kurze Röhre von Holz, Horn, Metall u. s. w. von verschiedenen Formen, mit oder ohne Handhabe. Der Gebrauch der Linse (Loupe) ist zu wohl bekannt, um weitere Erörterungen nöthig zu machen. Am zweckmässigsten ist es, verschiedene Linsen von verschiedener Vergrösserungskraft zu haben; solche, welche zwanzig- bis dreissigfach im Durchmesser vergrössern, reichen für gewöhnlich aus.

Wünscht man stärkere Vergrösserung, so ist es allemal besser, zu dem zusammengesetzten Mikroskop seine Zuflucht zu nehmen, es sei denn, dass das Object so beschaffen ist, dass es nicht unter das Mikroskop gebracht werden kann, wie z. B. bei der Untersuchung der Krankheiten der Haut oder des Auges am lebenden Körper der Fall ist; allein in solchen Fällen werden starke Vergrösserungen selten erforderlich sein. Je näher man die Linse an das Auge hält, desto grösser ist das Gesichtsfeld; je grösser der Abstand ist, desto beschränkter wird das Gesichtsfeld sein, da in diesem Falle die Randstrahlen das Auge nicht erreichen können; daher rührt die praktische Regel, die Linse so nahe als möglich an das Auge zu halten, wenn man eine grössere Parthie eines Objects übersehen will. Kurzsichtige Personen müssen das Object etwas näher an die Linse innerhalb des Focus bringen, so dass die Strahlen etwas stärker divergirend das Auge treffen; für weitsichtige Personen gilt das Umgekehrte. Planconvexe Linsen sind den doppeltconvexen vorzuziehen, weil die Farbenzerstreuung und sphärische Aberration bei ihnen geringer, das Sehfeld grösser ist. Bei solchen Linsen ist es am besten, die plane Oberfläche gegen das Object zu kehren, weil so die Vergrösserung und das Gesichtsfeld beträchtlicher sind, wenn man senkrecht durch die Linse sieht. Ist die convexe Oberfläche gegen das Object gekehrt, so ist die Vergrösserung geringer. Das Gesichtsfeld ist in letzterem Falle geringer, wenn wir senkrecht durch die Linse sehen, vergrössert sich aber, wenn wir schräg durch ihren Rand sehen.

Man hält die Linse gewöhnlich in der Hand, oder befestigt sie auch vor dem Auge mittelst eines Bandes, welches um den Kopf herum gebunden wird; oder zwängt sie wohl auch zwischen den Augenapfel und die Augenhöhlenknochen ein; allein diese Methode ist für das Auge unbequem, und verhindert die Verdunstung. Es ist zweckmässiger, die Linse an einem Stativ zu befestigen, so dass die Hände frei sind, um während der Beobachtung an dem Object zu präpariren. Eine so an einem Stativ befestigte Linse bildet ein **einfaches Mikroskop** *(microscopium simplex).* *

---

* *Anm. d. Verf.* Das Wort: Mikroskop wurde zuerst von DEMISIANO

Das einfachste Stativ ist ein Ring an einer horizontalen Stange befestigt, in welchen man die Linse einfügen kann; am besten ist es, wenn der Ring an der Stange so angebracht ist, dass man ihn in allen Richtungen drehen kann. Die horizontale Stange ist wiederum entweder mittelst einer Klemme oder einer Schraube an einer senkrechten Stange angebracht, an der sie frei auf und nieder geschoben werden kann. Das Stativ muss auf einem schweren Fussgestell stehen, damit es nicht leicht umgeworfen wird; man kann es daher auf einer breiten Platte befestigen, welche zugleich als Unterlage, auf der man das Object präpariren kann, dient.

Wenn aber die Linse stärker vergrössert, und demgemäss die Focaldistanz gering ist, so muss die Auf- und Niederbewegung der Linse oder auch des Objects an dem Stativ mit grösserer Genauigkeit regulirt sein. Dies wird erreicht durch eine Zahnleiste und darin laufende Zahnwelle, welche man an dem Arme, der die Linse trägt, oder an der Objectplatte, oder an beiden anbringt. Wendet man starke Vergrösserungen an, so muss man auch den Modus der Beleuchtung ändern; gewöhnliches Tageslicht reicht nicht mehr hin, sondern muss verstärkt werden und zwar durch einen reflectirenden Spiegel, welcher unter der Objectplatte angebracht wird. LEEUWENHOEK war der Erste, der einen solchen Spiegel anwendete (1668). Bei seinen zahlreichen Untersuchungen gebrauchte er doppeltconvexe Linsen von sehr geringer Grösse, welche zwischen zwei durchbohrte Metallplatten gefasst waren, das Object war auf einer Nadel befestigt, welche mit Hülfe einer Schraube nach allen Richtungen bewegt werden konnte; und jedes Instrument war speciell für ein oder zwei Objecte bestimmt. Das Object wurde aufwärts gegen das Licht gehalten, eine Methode, welche auch noch von späteren Beobachtern angewendet wurde. So benutzte WILSON (1702) ein Mikroskop, welches aus zwei in einander geschobenen Röhren bestand; an jedem Ende war eine Linse angebracht; eine derselben diente zur Vergrösserung, die

---

gebraucht; man nannte dieselben früher: *conspicilia, muscaria, pulicaria, smicroscopia, engoscopia* (von ἐγγύς, nahe und σκοπέω, ich betrachte). Dr. GORING wünscht die letzte Benennung wieder einzuführen.

andere zur Concentration der Lichtstrahlen auf das Object, welches sich zwischen beiden befand, festgehalten durch eine Spiralfeder; beim Untersuchen wurde es aufwärts gegen das Licht gehalten. LIEBERKUEHN befestigte die Linse in einer kurzen Messingröhre im Centrum eines silbernen polirten Concavspiegels; am andern Ende der Röhre befand sich ebenfalls eine Condensationslinse, welche das Licht auf den Spiegel und von da auf das zwischen beiden Linsen befindliche Object warf. Aehnlicher Mikroskope bedienten sich SWAMMERDAM, LYONNET, ELLIS, CUFF u. A.; jetzt sind dieselben ausser Gebrauch.

Wir werden die verschiedenen Beleuchtungsapparate, ebenso den Objectträger und seine Bewegung ausführlicher besprechen, wenn wir von dem zusammengesetzten Mikroskop handeln, da die Principien der Construction und Anwendung dieselben sind; es giebt gewisse Formen zusammengesetzter Mikroskope, die man jeden Augenblick in ein einfaches verwandeln kann, wenn man den dioptrischen Theil wegnimmt, und eine einfache Linse dafür anbringt. Man hat indessen besondere Stative für einfache Mikroskope construirt, bestehend aus einer Säule, welche entweder ein besonderes Fussgestelle hat, oder fest auf den Kasten, in welchem das Mikroskop aufbewahrt wird, aufzuschrauben ist. An der Säule befindet sich eine Zahnleiste und Zahnwelle, durch welche der in der Mitte durchbohrte Objectträger auf- und abgeschoben wird, oben ist ein Ring zur Aufnahme der Linse angebracht, unter dem Objectträger befindet sich der Spiegel. Bei andern Mikroskopen wird umgekehrt die Linse mittelst eines solchen Getriebes auf und ab bewegt, während der Objecttisch unbeweglich ist; man hat auch eine feinere Stellschraube zum Behuf dieser Bewegungen, wie beim zusammengesetzten Mikroskop angebracht, und kann überhaupt dieselben Apparate, wie bei jenem, Mikrometer, Camera lucida u. s. w. anwenden. Verschiedene Formen einfacher Mikroskope sind von PLOESSL, PRITCHARD, ROSS, CHEVALIER, RASPAIL, LEBAILLIF und STRAUSS-DUERKHEIM construirt worden.

Die folgende Figur stellt ein einfaches Mikroskop von CHEVALIER vor; a ist die Säule, welche fest in den Kasten des Mikroskops eingeschraubt wird; oben befindet sich der Arm b, welcher die Doppellinse c trägt. Mittelst des Getriebes,

welches an der Scheibe d gehandhabt wird, ist der Objecttisch e auf und nieder zu schieben. An demselben befinden sich zwei Klammern f f zum Festhalten der Objectplatten, darunter befindet sich ein Diaphragma g, und der Spiegel h. Die nähere Erläuterung der zuletztgenannten Theile folgt im nächsten Kapitel. *

* *Anm. d. Uebers.* Da zu vielen Zwecken neben einem zusammengesetzten Mikroskop ein einfaches unentbehrlich ist, so ist es am zweckmässigsten, wenn Jeder, welcher ersteres besitzt, sich ein einfaches Stativ, etwa von der zuletztbeschriebenen, in obiger Figur abgebildeten, Art verfertigen lässt, anstatt besonderer Linsen aber die Linsen des Compositum verwendet, für welche man dem Ring c die passende Oeffnung giebt. Die schwächern Linsen oder Linsensysteme der SCHIEK'schen, PLOESSL'schen, OBERHAEUSER'schen u. A. Mikroskope haben sämmtlich hinreichende Focaldistanz und hinreichend grosses Sehfeld, um darunter präpariren zu können. Eine sehr zweckmässige einfache Einrichtung, welche von E. H. WEBER angegeben wurde, und welche besonders, wenn es sich um Untersuchung und Durchsuchung grösserer Flächen handelt, sehr brauchbar ist, möchten wir hier noch besonders empfehlen. Dieselbe besteht in einer gewöhnlichen stärkeren Loupe (Uhrmacherloupe) von etwa 1½ bis 2 Zoll Durchmesser; der Einfassungsring derselben (von Messing) ist mit einem Schraubengewinde versehen, mittelst dessen er auf einen zweiten Messingring, welcher auf drei Beinen ruht und so ein Stativ darstellt, geschraubt werden kann. Die Beine, deren Höhe der Focaldistanz der Loupe gleichen muss, sind mit Röllchen versehen, so dass das ganze Stativ bequem verschoben werden kann. Will man z. B. eine grosse Fläche einer ausgebreiteten Darmschleimhaut durchsuchen, so stellt man das Stativ mit der Loupe darauf, schraubt die Loupe so hoch oder tief, dass die Fläche des Darmes scharf eingestellt ist, und kann nun, indem man während des Durchsehens das Instrument weiter rollt, die ganze Fläche mustern.

ZWEITES KAPITEL.

VON DER CONSTRUCTION DES DIOPTRISCHEN ZUSAMMENGESETZTEN MIKROSKOPS.

Die beträchtlichere sphärische Aberration und Farbenzerstreuung einer einfachen Linse oder eines Linsensystems — das verkleinerte Gesichtsfeld und die verminderte Helligkeit — die grosse Anstrengung für das Auge — und der kurze Abstand zwischen Linse und Object, Mängel, welche wir im vorhergehenden Abschnitt bereits erörtert haben, sind die Ursache, dass man das einfache Mikroskop nicht füglich zu stärkeren Vergrösserungen verwenden kann, dass man es nicht mit Linsen, welche stärker als zwanzig oder dreissig Mal vergrössern, gebraucht. Dagegen benutzen wir eine andere Eigenschaft, welche convexe Linsen besitzen, nämlich die, das Bild eines Gegenstandes zu vergrössern. Denken wir uns z. B. das Object a b hinter einer Linse befindlich; ein Büschel divergenter Lichtstrahlen wird von a ausgehen, die Oberfläche der Linse treffen und von dieser beim Eintritt wie beim Austritt so gebrochen werden, dass sie convergirend weitergehen und in dem Punkte A vor der Linse sich vereinigen. Dasselbe geschieht mit dem Strahlenbüschel, welcher von b ausgeht, dessen divergente Strahlen auf der andern Seite der Linse ebenfalls convergiren und in dem Punkte B sich vereinigen

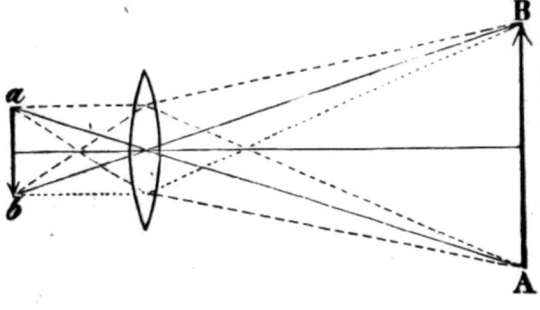

werden. Ebenso werden von allen Punkten zwischen a und b Strahlenbüschel ausgehen, welche in entsprechenden Punkten zwischen A und B sich wieder vereinigen. So entsteht von dem Gegenstande a b ein Bild in A B, aber ein verkehrtes.

Damit ein Bild entsteht, darf der Gegenstand nicht im Focus der Linse liegen, da in diesem Falle die Strahlen parallel werden und nie auf der andern Seite derselben zur Vereinigung kommen; er darf aber auch nicht innerhalb des Focus liegen, weil dann die Strahlen bei ihrem Austritt aus der Linse divergirend weiter gehen, das Object muss vielmehr jenseits des Focus der Linse liegen, da nur in diesem Falle die Strahlen auf der andern Seite der Linse convergirend austreten (vergl. die Figur auf Seite 8). Befindet sich das Object in dem doppelten Focalabstande, so wird das Bild gerade so gross als das Object; ist letzteres weiter, als die zweifache Focaldistanz beträgt, von der Linse entfernt, so wird das Bild kleiner als das Object. Es wird demnach unter diesen Verhältnissen kein vergrössertes Bild hergestellt; um dieses zu erhalten, muss das Object zwischen der einfachen und doppelten Focaldistanz der Linse angebracht werden, und zwar dem Focus so nahe als möglich. Das Bild wird nur dann deutlich gesehen, wenn es an der Stelle aufgefangen wird, in welcher die sämmtlichen Vereinigungspunkte der Strahlenbüschel liegen; geschieht es, nachdem sich die Strahlen bereits gekreuzt haben, wie dies hinter A B der Fall sein muss, so wird das Bild undeutlich. Die Grösse des Bildes steht zu der des Objects in demselben Verhältniss, als der Abstand des Bildes von der Linse zu dem Abstand des Objects von der Linse. Je convexer die Linse, desto mehr muss das Object derselben genähert werden, das Bild aber wird in einer verhältnissmässigen Entfernung entstehen und um so grösser erscheinen.

Gehen die Strahlen durch eine Convexlinse, so wird das Bild verkehrt sein, gehen die Strahlen dieses Bildes durch eine zweite Linse, so wird das neue Bild wieder aufrecht, und wir können daher aufrechte oder verkehrte Bilder erhalten, jenachdem wir eine oder mehrere Linsen anwenden. Ein verkehrtes Object wird natürlich ein aufrechtes Bild geben, wenn eine einzige Linse angewendet wird.

Wenden wir eine zweite Linse an, um das Bild eines Objects

zu vergrössern, so haben wir ein zusammengesetztes Mikroskop *(microscopium compositum)*. Wird das Bild mittelst einer Linse gebildet, so heisst es auch ein **dioptrisches zusammengesetztes** Mikroskop; zum Unterschiede von dem **katoptrischen** zusammengesetzten Mikroskop, bei welchem, wie wir später erörtern werden, das Bild mittelst eines Concavspiegels gebildet wird.

Die Theorie des zusammengesetzten Mikroskops ist leicht zu verstehen, wenn wir uns die eben erwähnten Eigenschaften der convexen Linsen ins Gedächtniss zurückrufen, nämlich die, dass sie ein Object, aber ebenso auch sein Bild vergrössern. Die Vergrösserung des Objects bewirkt die Linse O V, die divergirenden Strahlen des Objects a b werden dadurch so gebrochen, dass das vergrösserte Bild gerade in den Focus der zweiten Linse O R fällt. Betrachten wir es durch diese Linse, so wird

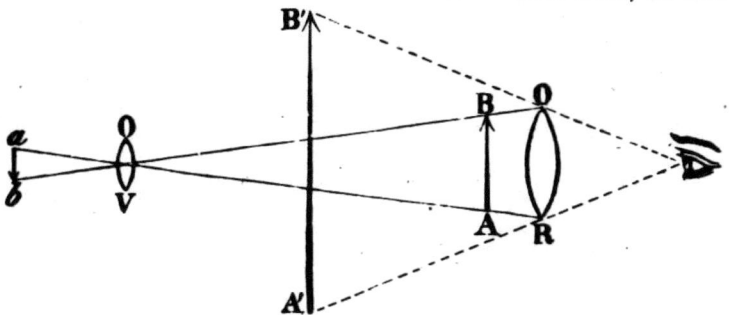

das Bild nach denselben Gesetzen vergrössert, welche wir für die Vergrösserung eines Objects durch ein einfaches Mikroskop kennen gelernt haben. Wird also das Bild von a b in A B formirt, und durch die Linse O R betrachtet, so sehen wir es in der Richtung R A′ und O B′ in A′ B′.

Die Linse OV, welche das Bild herstellt, und sich daher dem Object zunächst befindet, heisst die **Objectivlinse**; die Linse O R, durch welche das Bild vergrössert wird, und welche dem Auge zunächst sich befindet, heisst das **Ocular**. Diese beiden Linsen sind angebracht an den beiden Enden einer Röhre, zwischen beiden Linsen befindet sich eine besondere Linse, welche man die **Collectivlinse** nennt. Die Röhre ist an einem Stativ angebracht, welches gleichzeitig den **Objecttisch** und den

Beleuchtungsapparat trägt. Wir wollen zunächst diese wesentlichen Theile des Mikroskops näher betrachten.

a) Von den wesentlichen Theilen des dioptrischen zusammengesetzten Mikroskops.

Die Entdeckung des zusammengesetzten Mikroskops schreibt man ZACHARIAS JOANNIDES, oder JANSEN, einem Holländer von Geburt, im Jahre 1590 zu. Sein Mikroskop bestand aus einer Kupferröhre von sechs Fuss Länge und einem Zoll Durchmesser. Er überreichte ein Instrument dieser Art dem Erzherzog KARL ALBERT von Oestreich, welcher es einem holländischen Alchymisten CORNELIUS DREBBEL gab; dieser wurde später Astronom am Hofe JAMES I. in England, wohin er das Instrument im Jahre 1619 brachte, und BORELLI und verschiedenen andern Gelehrten zeigte. Daher kommt es, dass Einige die Ehre der Entdeckung DREBBEL zuschreiben. Auch FONTANA machte Ansprüche auf das Verdienst, dieselbe Entdeckung im Jahre 1618 gemacht zu haben. Der Gebrauch des Compositums gewann bald Verbreitung und unter den zuerst benutzten Instrumenten sind die von HOOKE (1656), EUSTACHIUS DIVINI (1668), GRIENDEL (1687), PHILIPPO BONNANI (1698) und JAHN (1702) zu erwähnen. HOOKE's Mikroskop maass drei Zoll im Durchmesser, sieben Zoll in der Länge, und konnte mit Hülfe von vier in einander geschobenen Röhren verlängert werden. Es bestand aus einer kleinen Objectivlinse, einer Collectivlinse und einem starken Ocularglas. DIVINI's Mikroskop bestand aus denselben drei Theilen; allein sein Ocular war aus zwei planconvexen Linsen zusammengesetzt, wodurch das Gesichtsfeld erweitert, die Vergrösserungskraft erhöht und die sphärische Aberration vermindert wurde. Das Ocularglas war von der Grösse eines Handtellers, während der Umfang der Röhre dem eines Mannesschenkels gleichkam; trotz dieser colossalen Dimensionen konnte er mit diesem Instrument nicht mehr als 143 fach vergrössern. BONNANI's Mikroskop, welches noch unzweckmässiger war, lag horizontal, und wurde mittelst eines Zahnrades bewegt. Es wurde durch Lampenlicht, welches durch zwei Glaslinsen concentrirt wurde, beleuchtet. GRIENDEL nahm zwei Planconvexlinsen zu jedem der drei Gläser, so dass also im Ganzen sechs Linsen waren. LAKE construirte unter Anderm ein Doppelmikroskop für beide Augen. Der Hauptgrund der Unvollkommenheit dieser und anderer älterer Mikroskope war die Schwierigkeit, achromatische Objectivlinsen herzustellen; selbst nach Chester More Hall (1729), welcher, geleitet durch das Studium der Structur des menschlichen Auges, vielleicht auch auf Grund von Gregory's (1713) Ideen über diesen Gegenstand, den Achromatismus durch Combination zweier verschiedener Glassorten entdeckte, wurden die Mikroskoplinsen noch lange Zeit hindurch nicht nach diesem Princip construirt. Selbst Dollond, welcher im Jahre 1757 achromatische Teleskope verfertigte, wendete das achromatische Princip nicht auf das Mikroskop an. Erst im Jahre 1774 schlug Euler vor, achromatische Objectivlinsen für das Mikroskop zu verwenden; seine Vorschläge wurden zuerst vier Jahre später durch Nicolaus Fuss verwirklicht, welcher ein Objectiv aus drei Linsen zusammensetzte, von denen die erste und dritte aus Crownglas, die zweite aus Flintglas bestand. Die Versuche von Aepinus (1784) über denselben Gegenstand waren erfolglos, und die Linsen von Chakles (1800—1810) konnten kaum als achromatisch bezeichnet werden. Brewster's (1812) Linsen von Glas und Flüssigkeiten von verschiedener Dichtigkeit waren praktisch nicht anwendbar. Nach Harting's Angaben soll Hermann van Deyl ausgezeichnete achromatische Objectivlinsen im Jahre 1807 verfertigt haben. Gleichwohl waren Fraunhofer's (1811) achromatische Mikroskope die ersten, welche zu wissenschaftlichen Forschungen angewendet wurden; denn vor dieser Zeit diente das Mikroskop mehr als Spielzeug, oder blos als Unterhaltungsmittel. Fraunhofer's Objectiv bestand aus einer einzigen achromatischen Linse, in welcher die beiden Gläser nicht aneinander gekittet waren; die convexe Oberfläche der Linse war gegen das Object gekehrt; diese vergrösserte nicht stark und hatte ein kleines Gesichtsfeld, allein das Bild war schärfer und stärker beleuchtet, als bei nicht achromatischen Objectivlinsen. Mit Fraunhofer begann eine neue Aera in der Construction der Objectivlinsen. Die sphärische Aberration war indessen noch nicht beseitigt, denn sein Objectiv bestand nur aus einer Linse, welche nothwendig eine starke Convexität haben musste, und folglich sehr schwer zu schleifen war. Selli-

wird auch die Nachbrennpunktsweite negativ, aber um sehr vieles, das heisst, der hintere Vereinigungspunkt befindet sich auf der der frühern entgegengesetzten Seite in sehr grosser Entfernung. In dem Maasse, dass die negative Grösse der Vorbrennpunktsweite zunimmt, nimmt die der Nachbrennpunktsweite ab, bis sie ganz an der Linse selbst zusammentreffen und gleich ihren Brennweiten werden. Ebenso, wenn wir den hintern Vereinigungspunkt betrachten, findet sich, dass wie er sich im positiven Sinne entfernt, auch die Vorbrennpunktsweite positiv werden muss, und zwar zuerst unendlich gross, und dann immer kleiner, bis wieder der Vorbrennpunkt mit dem Brennpunkt übereintrifft, wo dann die Nachbrennpunktweite unendlich gross ist, und die von einem Punkt gekommenen Strahlen parallel werden. So sind also die Hauptbrennpunkte eigentliche Pole, um welche Vor- und Nachbrennpunktweite nach ihrer positiven oder negativen Richtung sich bewegen, und worin die unendliche positive Grösse augenblicklich in eine unendliche negative übergehen kann. Es ist überdiess klar, dass, so lange die negative Vorbrennpunktsweite nicht über die vordere Brennweite hinausgeht, oder der Ausgangspunkt des Strahlenkegels sich noch auf derselben Seite mit dem Vorderbrennpunkt befindet — ein Fall, wobei die Strahlen immer mehr divergiren — die jetzt beständig negative Nachbrennpunktweite verhältnissmässig grösser wird, als die hintere Brennweite, d. h. dass ihr Schlusspunkt oder der hintere Vereinigungspunkt auf die gegentheilige Seite fällt, wo die hintere, und auf dieselbe, wo die vordere Brennweite ist; so dass also die Strahlen auch nach ihrem Austritt divergiren. Da nun die Strahlen

sind: 1, 1+2, 1+2+3, 2+3+4, 3+4+5, 4+5+6, 5+6+7, welche letztere Combination die stärkste Vergrösserung giebt. Man kann aber nicht willkührlich verbinden 2+4+5 u. s. w. Chevalier, Oberhaeuser, Amici u. A. versehen ihre Mikroskope mit festen Objectivlinsensystemen, welche verschiedene Vergrösserung geben, und aus ein bis drei Linsen bestehen; dadurch ist der Uebelstand des Zusammenschraubens der Linsen vermieden; sie werden weniger leicht beschmutzt, weil es nicht nöthig ist, sie umzuschrauben. Solche fixe Linsensysteme verdienen daher den Vorzug.

Abgesehen von der Beseitigung der Farbenzerstreuung und sphärischen Aberration unterscheiden sich unsere heutigen Objectivgläser von den älteren durch die Verbesserung der Beleuchtung; die grössere Klarheit des Bildes und die stärkeren Vergrösserungen, welche man jetzt auch ohne Hülfe zu starker Ocularvergrösserung, wie man sie sonst zum Nachtheil der Correctheit des Bildes anwendete, erreicht; endlich durch den grösseren Abstand des Objectes von der Linse. Je stärker die Vergrösserung, desto näher muss das Objectiv dem Gegenstand gebracht werden; die Annäherung darf im Allgemeinen nicht weiter als bis auf $1/30''$ gehen; ist sie noch grösser, so hält es sehr schwer, das Object mit einem dünnen Glasplättchen zu bedecken, die Linsen werden leicht beschmutzt oder laufen an, wenn Dämpfe vom Object aufsteigen, und leiden durch das häufige Abwischen. Die Vorzüglichkeit eines Objectivglases hängt mit ab von der Grösse des Abstandes, welche man ohne irgend eine Abnahme der Vergrösserung zwischen der Linse und dem im Focus befindlichen Object erreicht. Um diesen Abstand zu vergrössern und das Sehfeld zu erweitern, construirte Charles Chevalier ein Objectiv aus zwei Linsen, deren Abstand von einander geändert werden konnte; allein das Object wird durch ein solches weniger vergrössert als durch die gewöhnlichen Objective. Amici fertigt zwei Arten von Objectiven für die Betrachtung eines Gegenstandes einmal mit und zweitens ohne Glasplättchenbedeckung. Bruenner soll Objective mit ungleichen Abständen zwischen den Linsen fertigen.

Das von dem Objectivglas gebildete Bild wird durch das

Ocular betrachtet, und daher verkehrt gesehen. Früher verwendete man nur eine einfache starke Linse als Ocular, um dadurch die schwächere Objective zu ergänzen, allein in Folge dieser Einrichtung musste nothwendig das Gesichtsfeld bedeutend verkleinert werden, während die Aberration nicht beseitigt war. Heutzutage bringt man daher in jedem guten Ocular zwischen dem Objectiv und der Stelle, an welcher das Bild entsteht, eine Linse an; diese Linse wird Collectivlinse* genannt; sie ist planconvex, gleich der eigentlichen Ocularlinse, ihre convexe Seite gleichfalls gegen das Objectiv gerichtet; sie ist zwei- oder dreimal so breit, und ihr Krümmungshalbmesser gewöhnlich dreimal so gross als derjenige der oberen Ocularlinse; zuweilen wird sie jedoch von grösserer oder geringerer Stärke gefertigt. Beifolgende Figur erklärt die Wirkung der Collectivlinse. Ver-

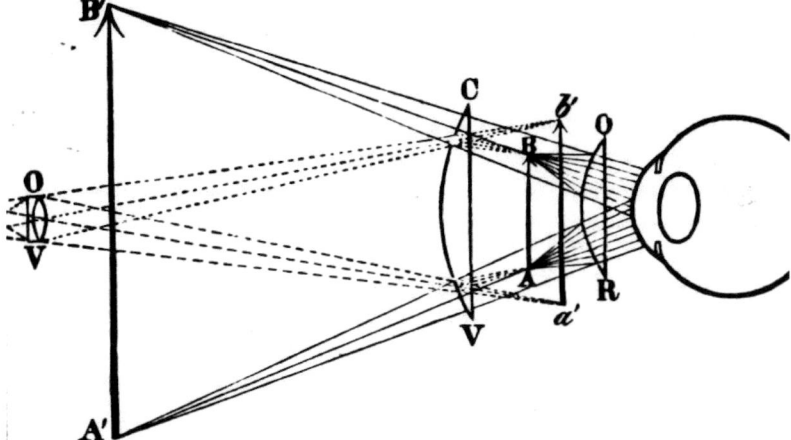

mittelst des achromatischen Objectivglases OV wird das verkehrte Bild a'b' von dem Object ab gebildet. Da aber die Collectivlinse CV zwischen das Objectiv OV und das Ocularglas OR eingeschoben ist, so werden die Strahlenbüschel gebrochen, und das Bild in AB, genau im Focus des Ocularglases OR gebildet. Von diesem Bilde gehen divergente Strahlen aus und treffen das Auge; das Bild wird daher mittelst des Ocular-

---

* *Anm. d. Uebers.* Die Engländer nennen diese Linse *field-glass*, Sehfeldglas, weil sie, wie wir sehen werden, das Sehfeld vergrössert.

glases OR gesehen, und zwar vergrössert in der Richtung AA' und BB' in A'B'. Obwohl das Bild offenbar durch die Collectivlinse verkleinert wird (AB ist kleiner als a'b'), so wird es doch klarer, und ein grösserer Theil davon kann auf einmal gesehen werden, mit andern Worten ein grösseres Sehfeld wird gewonnen. Der wichtigste Nutzen der Collectivlinse ist aber, dass sowohl die Farbenzerstreuung als die sphärische Aberration dadurch corrigirt wird; erstere konnte zwar, wie wir gesehen haben, durch eine achromatische Combination von Crown- und Flintglas, und letztere durch die Einlegung eines Diaphragma aufgehoben werden; allein dadurch wird das Sehfeld beträchtlich verkleinert. Ein Diaphragma c ist allerdings zwischen dem Ocularglas a und der Collectivlinse b angebracht, um die Randstrahlen abzuhalten; allein dessen Oeffnung braucht bei Weitem nicht so eng zu sein als im vorher erwähnten Fall.

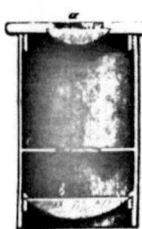

Der Abstand zwischen Ocularglas und Collectivlinse muss ganz bestimmt sein, so dass das Bild genau in den Focus des ersteren fällt. Sie sind daher gemeinschaftlich in einer Röhre befestigt, welche auf ihrer Innenfläche geschwärzt ist, um die Spiegelung der Lichtstrahlen von ihren Wänden zu verhüten. Gewöhnlich sind beide Gläser so angebracht, dass sie nicht gegen einander bewegt werden können, wobei ihre Entfernung von einander so abgemessen sein muss, dass die Farbenzerstreuung und sphärische Aberration von dem entsprechenden Objectiv gleichzeitig corrigirt ist. Am besten ist es daher in solchen Fällen, immer nur ein bestimmtes Ocular bei einem bestimmten Objectiv zu gebrauchen; sobald ein Beobachter mit seinem Instrument vertraut geworden ist, wird er wahrnehmen, ob irgend eine Combination besser als eine andere ist, ob das klarste Bild ausschliesslich bei der Combination eines einzigen Oculars mit einem bestimmten Objectiv erhalten wird. Meistens kann man ein und dasselbe Ocular zu verschiedenen Objectiven gebrauchen; in solchen Fällen ist kein grosser Unterschied in den Aberrationsgraden der verschiedenen Objective. Amici hat in Rücksicht auf diese Umstände Oculare construirt, in welchen die obere Ocularlinse der untern genähert und von ihr entfernt werden kann; diese

Einrichtung ist ganz besonders dann passend, wenn man die Röhre des Mikroskops verlängert oder verkürzt, um eine stärkere oder schwächere Vergrösserung herzustellen, wie wir sogleich näher erörtern werden.

Es giebt zwei Arten von Ocularen; die eine von Campani angegebene, und das ist die oben beschriebene, bei welcher das Bild zwischen den beiden Linsen des Oculars gebildet wird, und die zweite von Ramsden, bei welcher das Bild vor der untern Linse (welche dann aber nicht Collectivlinse, sondern ein zweites Ocularglas ist, d. Uebers.) entsteht; allein unseres Wissens ist die letztere Art, welche man zuweilen bei astronomischen Teleskopen benutzt, bei Mikroskopen noch nicht angewendet worden.

Die Oculare sind von verschieden starker Vergrösserungskraft; die stärksten sind in den kürzesten Röhren angebracht. In Ploessl's und Schiek's Mikroskopen findet man vier oder fünf Oculare, darunter ein aplanatisches, welches die Objecte heller und schärfer erscheinen lässt, und besonders zur Untersuchung opaker Gegenstände brauchbar ist; allein dasselbe hat ein kleineres Gesichtsfeld und vergrössert schwächer. Bei Chevalier's Mikroskopen findet man gewöhnlich weniger Oculare; zwei, ein schwächeres und ein stärkeres, sind gewöhnlich ausreichend. Die Röhre, in welcher die Ocularlinsen befestigt sind, muss cylindrisch und so eingerichtet sein, dass sie leicht in die Röhre des Mikroskops hineingeschoben werden kann, um den Zeitverlust, den das Aufschrauben herbeiführen würde, zu vermeiden. Bei conischen Ocularen, wie sie Oberhaeuser fertigt, kann die genaue Centrirung der Linsen leicht verloren gehen, weil sie nicht fest in der Mikroskopröhre stehen; um aber ein gutes Bild zu erhalten, ist die vollständig genaue Centrirung aller Linsen absolut nöthig, d. h. die Achsen sämmtlicher Linsen des ganzen Mikroskops müssen auf einer geraden Linie liegen.

Feine Fäden von Spinnwebe oder Seidencocon sind oft kreuzweise über die Oeffnung des Diaphragma's hinweggespannt; sie dienen theils zu Messungen (von Grössen sowohl als von Winkeln), theils, um einem ungeübten Beobachter ein Object zu zeigen, welcher es leichter auffindet, wenn es sich in der Nähe eines der Fäden befindet.

Gut ist es, eine breite Pappscheibe oben auf dem Ocular anzubringen, besonders wenn man mit dem horizontalen Mikroskope arbeitet, um alle andern Lichtstrahlen, ausser denen, welche vom Object kommen, vom Auge abzuhalten. Das Bild erscheint heller, wenn die Pupille des Auges erweitert ist, und daher mehr Lichtstrahlen eindringen. CHARLES CHEVALIER hat auch auf dem Ocular eine kleine Röhre mit einem Prisma angebracht, dessen Basis gegen die Wand der Röhre gerichtet ist. Der Zweck desselben ist, das Bild, welches ausserdem verkehrt ist, aufrecht zu machen, so dass es in der wirklichen Lage des Gegenstandes erscheint; ohne diese Umkehrung bewegt sich das Bild, wenn man das Object z. B. von rechts nach links schiebt, in der entgegengesetzten Richtung, wodurch der Anfänger leicht confus wird. Ein solcher Apparat wird indessen überflüssig, sobald sich der Beobachter einmal daran gewöhnt hat, das Bild in entgegengesetzter Richtung zu der des Objects sich bewegen zu sehen.

Das Objectiv und das Ocular sind in die Röhre des Mikroskops in der oben beschriebenen Weise eingefügt. Die Röhre ist ein hohler Cylinder, welcher ebenso und aus denselben Gründen, wie das Ocular, auf der Innenwand geschwärzt und in gleicher Weise mit einem Diaphragma zur Abhaltung der Randstrahlen versehen ist. Die Länge der Röhre ist von Wichtigkeit. Wir haben nämlich gesehen, dass das Bild in einer um so grössern Entfernung gebildet wird und gleichzeitig um so stärker vergrössert ist, je näher das Object an die Linse gebracht werden kann; wird daher die Röhre verlängert, so wird das Bild an einer entfernteren Stelle gebildet, indem die Strahlen divergirend weiter gehen; oder mit andern Worten, das Bild wird grösser, weil gleichzeitig das Object näher an die Objectivlinse gebracht wird. Allein was in diesem Falle an Vergrösserung gewonnen wird, geht leicht an Deutlichkeit verloren; und ausserdem können wir nur einen kleineren Theil des Bildes übersehen. Wenn dagegen die Röhre verkürzt wird, muss man ein stärkeres Ocular anwenden, um dieselbe Vergrösserung als vorher zu erhalten. Es müssen indessen für die Länge der Röhren bestimmte Gränzen festgestellt sein, damit man nicht nöthig hat, bei zu kurzer Röhre ein zu starkes Ocular anzuwenden, wodurch das Bild, in Folge der stärkeren Aberration, stets verschlechtert wird, damit man andererseits sich nicht davor zu hüten hat, dass bei zu langer Röhre das Bild undeutlich, die Beleuchtung mangelhaft, und das Sehfeld zu klein wird. Dazu kommt noch, dass eine allzulange Röhre das Mikroskop unbequem macht, besonders wenn man es in senkrechter Stellung gebraucht. Ist die Röhre sehr lang, so ist es zweckmässig, sie in zwei oder mehrere Stücke getheilt zu haben, welche man ineinander schieben kann, und welche mittelst Zahnleiste und Zahnrad bewegt werden, damit die Centrirung der Linsen nicht gestört wird. Ausserdem kann die Röhre verlängert werden, entweder durch Ausziehung desjenigen Theiles, in welchem das Ocular steckt, oder desjenigen, welcher die Objectivlinsen trägt. CHARLES CHEVALIER hat nach meinen Angaben letztere Einrichtung bei seinen grösseren Mikroskopen angebracht.

Eine andere Methode, die Vergrösserung zu erhöhen, ohne die Röhre zu verlängern, ist zuerst von SELLIGUES angewendet worden. Er brachte eine Concavlinse zwischen Ocular und Objectiv an, durch welche die Strahlen des Bildes stärker divergent gemacht werden, ehe dasselbe durch das Ocular betrachtet wird. In neuerer Zeit wurde sie in FRAUNHOFER's Mikroskopen durch eine achromatische Concavlinse ersetzt. Der wesentlichste Vortheil dieser Einrichtung ist, dass das Object in grösserer Entfernung vom Objectiv angebracht werden kann; da aber das Bild durch die Zunahme der sphärischen Aberration an Deutlichkeit verliert, ist diese Methode wieder ausser Gebrauch gekommen.

Es ist hier der geeignete Ort, des sogenannten „pankratischen" Mikroskops Erwähnung zu thun, bei welchem die Zunahme der Vergrösserung des Objectes durch allmälige Verlängerung der Röhre hervorgebracht wird. Ein solches Instrument wurde zuerst von CHEVALIER (1841) construirt. Man betrachtet hier das von einem Objectivglas formirte Bild mittelst eines zusammengesetzten Mikroskops (d. h. also einer Röhre mit Objectiv und Ocular), welches in der Röhre, welche das Objectiv trägt, auf- und niedergeschoben werden kann; beim Ausziehen desselben wächst die Vergrösserung. In diesem Mikroskop erscheint das Bild in aufrechter Lage, nicht verkehrt. Anstatt des innern Objectivs hat

Merz (1843), Fraunhofer's Nachfolger in München, eine achromatische Concavlinse eingeführt, durch welche das ganze Instrument kürzer wird, aber das Bild verkehrt bleibt; ausserdem hat er das Ocular für sich beweglich gemacht.

Die Röhre des Mikroskops mit ihrem Objectiv und Ocular bildet den optischen Theil des Instruments im engeren Sinne. Um alle Bewegungen genau zu reguliren, ist die Röhre an einem Stativ angebracht, welches zugleich den Objecttisch und den Beleuchtungsapparat, die wir besonders betrachten werden, trägt. Das Stativ muss solid und schwer sein, damit es fest steht, und darf in seiner Construction nicht zu complicirt sein. Es besteht aus einem Fussgestelle und einer Säule, welche die genannten Apparate trägt. Bei einigen Mikroskopen dient der Kasten, in welchem das Instrument aufbewahrt wird, zugleich als Fussgestelle, indem die Säule fest auf dessen obere Platte aufgeschraubt wird. In diesem Falle darf aber letztere Platte nicht den Deckel des Kastens bilden, den man sonst öfters öffnen muss, um Gegenstände, die man während der Beobachtung braucht, herauszunehmen. Ist die Säule so befestigt, so steht allerdings das ganze Mikroskop so ziemlich fest und sicher; da aber die Fläche, auf welcher es ruht, sehr breit ist, so ist es oft schwierig, den Kasten völlig horizontal zu stellen, wie wir bei der Anstellung von Beobachtungen nothwendig finden werden. In anderen Mikroskopen ruht die Säule auf einem flachen oder hohen und schweren Cylinder, „Trommel" (Oberhaeuser); allein auch hier kann dieselbe Schwierigkeit in Betreff der horizontalen Stellung eintreten. Die beste Einrichtung ist, wenn die Säule auf einem Dreifuss ruht, welcher zusammengeschlagen werden kann, wenn das Miskroskop in den Kasten gelegt wird; wenn es auch dabei vielleicht weniger sicher steht, so kann es doch leichter völlig wagerecht gestellt werden, besonders wenn zu diesem Zwecke an jedem Fusse des Dreifusses eine Stellschraube angebracht ist.

Das Fussgestelle trägt entweder eine runde oder eine eckige Säule. Ihre Höhe und anderweitige Einrichtung hängen von der Lage ab, in welcher man das Mikroskop benutzt. Braucht man es in senkrechter Stellung, so dass man das Object von oben herab betrachtet, so darf die Säule nicht zu hoch sein, weil sonst das Instrument unbequem zu gebrauchen ist, wenn es auf einem gewöhnlichen Tische steht. Betrachtet man dagegen das Object in horizontaler Richtung, so kommt die Höhe der Säule weniger in Betracht. Wir werden später Gelegenheit haben zu sehen, dass es für das Zeichnen der Objecte am geeignetsten ist, wenn der Abstand des Oculars von dem Tische, auf welchem das Mikroskop steht, genau der Entfernung des deutlichen Sehens gleicht. Man kann auch die Säule in der Mitte durch ein Charniergelenk theilen, durch welches die Röhre aus der senkrechten Lage in eine schiefe oder horizontale Richtung gebracht werden kann. In diesem Falle bewegt sich der Objecttisch entweder mit der Röhre, oder er bleibt fest; in letzterem Falle muss auch die Röhre des Mikroskops ein Charniergelenk haben, und an der Stelle dieses Gelenkes innerlich ein Prisma angebracht sein, welches die Richtung der Lichtstrahlen in der erforderlichen Weise ändert; am besten bringt man das Prisma so nahe als möglich an dem Objectivglas an, damit die Reflexion stattfindet, bevor die Strahlen das Ocular erreichen.

Die Röhre des Mikroskops ist mit dem Stativ in der Art verbunden, dass sie entweder an letzterem auf und nieder bewegt werden kann, oder an demselben unbeweglich befestigt ist. Die Bewegung der Röhre kann dadurch hergestellt werden, dass sie in einer zweiten Röhre auf- und abgeschoben wird (Mikroskope von Oberhaeuser, kleine Mikroskope von Schiek), so dass der Widerstand, den die Reibung verursacht, sie in jeder Lage festhält; allein diese Methode ist fehlerhaft, da der Widerstand leicht zu beträchtlich wird, wenn sich Rost an der Röhre ansetzt, oder auch zu schwach, wenn letztere abgenutzt ist. Es ist daher zweckmässiger, wenn die Röhre mittelst Zahnleiste und eingreifenden Zahnrades bewegt wird, zu welchem Zwecke eine Reihe von Zähnen auf der hintern Oberfläche der Säule angebracht wird, in welche ein mit der Röhre verbundenes Zahnrad genau eingreift. Zuweilen wird nur die gröbere Einstellung des Mikroskopes mittelst dieses Getriebes bewerkstelligt, während zur feinern Einstellung noch eine feinere Schraube angebracht ist. Es ist indessen eine solche feinere Stellschraube neben der groben ziemlich überflüssig, sobald man einige Uebung in der Handhabung der letztern erlangt hat; vorausgesetzt, dass dieselbe gut gearbeitet ist, weder zu streng noch zu leicht geht, dass ferner die Bewegung, welche sie hervorbringt, völlig senkrecht ist, nicht seitwärts abweicht. Ist die Röhre andererseits unbeweglich befestigt, so muss der Objecttisch an der Säule auf und nieder schiebbar sein, mittelst derselben Einrichtungen, durch welche im andern Falle die Röhre bewegt wird. Das Stativ und die Zahnleiste werden von Messing oder Stahl gefertigt; letzterer rostet leicht, wodurch die Einstellung erschwert wird; aus diesem Grunde ist Messing vorzuziehen, bei welchem freilich die Zähne der Leiste im Laufe der Zeit leichter abgenutzt werden.

Unter den eigenthümlichen Einrichtungen der Mikroskope von verschiedener Bauart erwähnen wir hier die Drehbewegung der Röhre (AMICI und OBERHAEUSER), durch welche das ganze Stativ von dem Objecttisch entfernt wird, so dass man frei auf letzterem präpariren kann (OBERHAEUSER); ferner die Drehung der Röhre in horizontaler Ebene (CHARLES CHEVALIER), so dass man das Object einem zweiten Beobachter zeigen kann, welcher an der entgegengesetzten Seite des Tisches, auf welchem das Mikroskop steht, sich befindet. Bei CHEVALIER's Mikroskopen kann die Röhre so gedreht werden, dass das Objectivglas horizontal liegt, was für das Wechseln desselben bequem ist. Auch bei seinen kleineren Instrumenten kann die ganze Röhre mit dem Objecttisch so gedreht werden, dass letzterer nach oben steht und die Objectivlinsen sich unter ihm befinden; das Object wird auf diese Weise von unten betrachtet. Diese Einrichtung kann man benutzen, wenn man chemische Agentien unter dem Mikroskope anwendet, welche die Objectivlinsen leicht beschmutzen und angreifen; oder auch, wenn man den Objecttisch erwärmen will, wobei sonst leicht Dämpfe von dem Object an die Linsen sich anlegen und sie verdunkeln; die Glasplatte, welche man in diesem Falle für das Object verwendet, darf bei starken Vergrösserungen nicht zu dick sein. Wir wollen indessen nicht länger bei der Beschreibung des Stativs verweilen, da es im Allgemeinen viel leichter ist, sich einen Begriff von der Construction der verschiedenen Mikroskope zu verschaffen, wenn man sie selbst einmal sieht, als wenn man eine ausführliche und ermüdende Beschreibung derselben studirt. Eine derartige Beschreibung ist auch von geringem praktischen Werthe; denn die mechanische Einrichtung eines Instrumentes ist von geringerer Bedeutung als die Güte der Linsen und die durch Praxis erlangte Gewandtheit des Beobachters im Gebrauche seines Instrumentes.

Der Objecttisch ist bestimmt das zu prüfende Object zu tragen und festzuhalten. Er besteht aus einer in der Mitte durchbohrten Messingplatte; die Oeffnung derselben, welche dem Centrum der Objectivlinsen gegenübersteht, darf nicht zu eng sein, da sie für den Durchgang der von unten kommenden Lichtstrahlen dient. Der Tisch muss eine gewisse Festigkeit und geeignete Grösse besitzen (etwa 2—3" breit und 4" lang), damit man auf demselben präpariren kann. Seine Oberfläche muss völlig eben, geschwärzt und unpolirt sein, so dass sie kein Licht zu den Objectivlinsen reflectirt. Am besten ist es, ihn mit einer schwarzen mattgeschliffenen Glasplatte zu bedecken, um die Einwirkung von Dämpfen, Säuren u. s. w. auf die metallische Oberfläche zu verhindern. Ferner ist es gut, einige Klammern (siehe die Figur auf Seite 23) an dem Objecttische zu haben, welche die Objectplatte halten; zuweilen ist zu diesem Behufe unter dem Objecttische eine Spiralfeder befestigt; besser ist es aber, wenn die Klammern abgenommen werden können. Häufig befindet sich in dem Objecttische noch eine Oeffnung, in welcher ein Spiegel für die Beleuchtung von oben angebracht werden kann.

Die Construction des Objecttisches ist ebenso mannigfach als die des Stativs. Für den geübten Beobachter genügt eine einfache Platte; für den weniger mit dem Instrument Vertrauten indessen ist es zweckmässig, dass die Bewegungen des Objectes, welche während der Beobachtung erforderlich sind, das Vor- und Rückwärtsschieben unter den Objectivlinsen, mit der grössten Genauigkeit regulirt sind. Man hat daher den Objecttisch um seine Achse drehbar gemacht (Oberhaeuser), so dass das Object von allen Seiten beleuchtet werden kann; oder man hat ihn aus zwei übereinander liegenden Platten zusammengesetzt, welche mit Hülfe von zwei Schrauben verschoben werden können; die eine Schraube schiebt die Platte rückwärts und vorwärts, die andere von einer Seite zur andern, beide Schrauben zusammen gebraucht, müssen nothwendig die Platte und mit ihr das Object in der Diagonale verschieben. Da bei dieser Art der Einrichtung beide Hände gebraucht werden müssen, so hat Turrel sehr passend beide Schrauben auf einer und derselben Seite des Objecttisches angebracht, so dass die Achse der einen Schraube durchbohrt ist, um die andere Schraube aufzunehmen; auf diese Weise kann der Tisch mit einer Hand ebensowohl vor- und rückwärts, als seitwärts, und bei gleichzeitigem Gebrauch beider Schrauben diagonal verschoben werden.

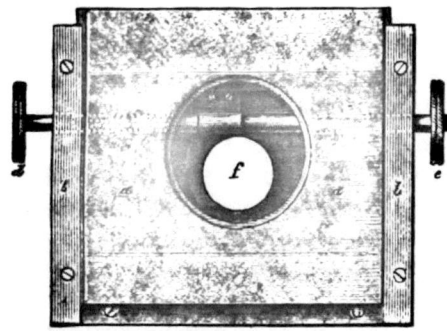

Die obere Platte a a wird mittelst der Schraube d d vor- und rückwärts bewegt; diese Platte ist in einen Rahmen b b eingefügt, welcher von einer Seite zur andern durch die Schraube e bewegt wird; die untere Platte c c ist fixirt, f ist die Oeffnung in dem Tische für den Durchgang der von unten kommenden Lichtstrahlen. Der Objecttisch ist an dem Stativ entweder fixirt, oder beweglich mittelst ebensolches Zahnrades und Zahnleiste, wie wir bei der Röhre des Mikroskopes kennen gelernt haben. Einige ziehen einen unbeweglichen Objecttisch vor, weil er fester für das Präpariren auf ihm ist, und sich bei Messungen nicht leicht verschiebt. Der erste Grund ist von geringem Gewicht, da man grobe Präparationen an schweren Körpern nie unter dem Mikroskope macht; der letztere Einwand kann dann zu Gunsten eines unbeweglichen Tisches sprechen, wenn man sich eines Schraubenmikrometers bedient. Auch ist es dabei nicht nöthig, die Beleuchtung zu verändern, um sicher zu sein, dass stets ein geeigneter Ausschnitt des von dem Spiegel ausgehenden Lichtstrahlenkegels auf das Object fällt. Auf der anderen Seite dagegen kann das Auge nicht so still gehalten werden, wenn der dioptrische Theil des Instruments bewegt wird, sondern muss beständig der Bewegung des Oculars folgen; ist noch dazu die Stellschraube nicht accurat gemacht, so neigt sich die Röhre leicht seitwärts und verliert ihre völlig senkrechte Stellung, wodurch die Beobachtung gestört wird. Ist der Objecttisch solid, und sicher und fest an dem Stativ angebracht, sind ferner alle Schrauben und Zahnleisten genau gearbeitet, so dass die Bewegung ohne Schwankungen vor sich geht, so ist es völlig gleichgültig, ob der Objecttisch oder die Röhre des Mikroskopes beweglich ist. Unter der Voraussetzung, dass das Instrument so accurat gearbeitet ist, ist es sogar zweckmässig, wenn beide Theile mittelst eines Zahnrades oder einer feinen Schraube beweglich sind. Der Beobachter gewöhnt sich sehr bald daran, eine oder die andere Bewegungsweise ausschliesslich zu gebrauchen. *

Wollen wir noch einmal alle die Bewegungen, welche an der Röhre des Mikroskopes oder dem Objecttisch angebracht sind, recapituliren, so sind es folgende: die Einstellung des Objecttisches mit dem Zahngetriebe oder der feineren Schraube, dieselbe Bewegung der ganzen Röhre, die Bewegung des Objectivglases allein, oder des Oculars allein, zugleich mit der Verlängerung der Röhre.

Wir kommen nun zu dem letzten wesentlichen Theile des Mikroskopes, nämlich zu dem **Beleuchtungsapparate**. Selbst bei dem Gebrauch schwächerer Vergrösserungen ist solch ein Apparat unentbehrlich wegen der geringen Helligkeit des mikroskopischen Bildes; von noch grösserer Wichtigkeit ist er bei dem Gebrauch stärkerer Vergrösserungen. Nur bei

---

* *Anm. d. Uebers.* Wir halten es für das Zweckmässigste, wenn beide Theile beweglich sind, die Bewegung der Röhre zu der groben Einstellung, die des Tisches zu der feineren zu gebrauchen. Ein guter Beobachter hat während der Betrachtung des Objects stets die Hand an der Schraube des Tisches, um fortwährend, je nachdem er höhere oder tiefere Schichten, auch des dünnsten Objectes, einstellen will, auf- und niederzuschrauben. OBERHAEUSER, SCHIEK, PLOESSL und AMICI haben daher stets die feinere Schraube an dem Objecttisch angebracht. Eine eigenthümliche Bewegungsart des Tisches hat SCHIEK bei einigen seiner neuern Instrumente angewendet. Der Tisch geht an der Säule, die ihn trägt, in einem Charniergelenk, in welchem er mittelst einer Schraube in senkrechter Ebene drehbar ist. Freilich erhält dabei das Sehfeld geneigte Lagen; bei der Kleinheit desselben wird diese Neigung indessen, so falsch sie in der Theorie ist, in der Praxis kaum zu einem Fehler

ganz schwachen Vergrösserungen und wenn das Objectivglas direct gegen das Tageslicht gekehrt ist, kann man allenfalls einen besondern Beleuchtungsapparat entbehren. Diese Methode kann man aber nur bei festen Körpern, welche noch dazu mittelst einer Klammer auf dem senkrecht stehenden Objecttisch befestigt sein müssen, verwenden; Objecte dagegen, welche sich in Flüssigkeit befinden, würden bei dieser Methode herabsinken und aus dem Sehfeld verschwinden. Im Allgemeinen ist das Objectivglas nie gegen das Licht gekehrt, ausser bei den kleinen Handmikroskopen, oder wenn das Object auf die Linsen aufgeklebt ist, wie bei den oben beschriebenen Linsen.

Eine verschiedene Beleuchtungsweise ist erforderlich für opake und für durchsichtige Körper. Bei opaken Gegenständen lässt man die Lichtstrahlen, wie gewöhnlich, nur in verstärkter Zahl und Intensität von oben auffallen, durchsichtige Körper dagegen beleuchtet man, indem man die Lichtstrahlen durch einen unter dem Objecttisch befindlichen Spiegel so zurückwerfen lässt, dass sie durch das Object hindurchgehen. So entsteht die verschiedene Beleuchtung mit **auffallendem** und mit **durchgehendem Licht**.

Ist das Object **opak**, so kann man einfaches Tageslicht, wie schon erwähnt, nur bei schwachen Vergrösserungen gebrauchen. Seine Intensität muss für stärkere Vergrösserungen erhöht werden, indem man die Lichtstrahlen mittelst einer grossen Linse oder eines Prisma's (Selligues) sammelt, und so concentrirt auf das Object fallen lässt. Eine solche Linse, welche entweder biconvex oder planconvex ist, muss gross sein, damit sie viele Lichtstrahlen sammeln kann; das Prisma ist dreiseitig mit ebenen oder gekrümmten Oberflächen. Sie sind entweder mittelst eines Stabes in einer Oeffnung des Objecttisches angebracht, oder besser an einem besonderen Stativ mit schwerem Fuss, an dem sie auf und nieder und in jeder beliebigen Richtung verschoben werden können. Auf diese Weise erhalten wir concentrirte Lichtstrahlen; allein das Object, welches auf einer opaken Platte ruht, kann dabei nur von einer Seite, und zwar nur von der, von welcher das Licht kommt, beleuchtet werden; während es gleichzeitig unmöglich ist, irgend welche stärkere Vergrösserungen zu gebrauchen. Es ist besser opake Gegenstände mittelst eines Lieberkuehn'schen Spiegels zu beleuchten. Unter dem Objecttisch, welcher in diesem Falle eine weite Oeffnung haben muss, ist ein concaver Spiegel angebracht (der Reflexionsspiegel, auf den wir in der Folge ausführlicher zu sprechen kommen), von welchem die Lichtstrahlen gegen den Lieberkuehn'schen Spiegel a a und von diesem herab auf das Object b geworfen werden. Letzteres muss auf einer Glasplatte c liegen, damit die vom unteren Spiegel kommenden Strahlen hindurchgehen können.

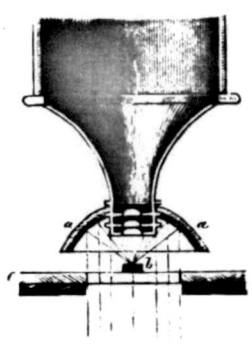

Auf diese Weise wird das Object gleichmässig von allen Seiten beleuchtet, während gleichzeitig starke Vergrösserungen angewendet werden können, wenn der Spiegel nicht zu gross oder zu stark gekrümmt ist. Es ist besser die Objectivlinse in dem Centrum der Krümmung anzubringen, und nicht, wie es gewöhnlich geschieht, an der Peripherie des Spiegels.

Für die Beleuchtung durchsichtiger Gegenstände bedient man sich eines Reflexionsspiegels, welcher unter dem Objecttisch angebracht ist. Am zweckmässigsten ist es, wenn er an dem Stativ angebracht und an diesem auf- und niederschiebbar ist; zuweilen ist er zugleich mit dem Objecttisch beweglich, gleichzeitig aber frei in allen Richtungen drehbar. Seine Grösse ist verschieden; besser ist es, er ist zu gross als zu klein (3 — 4" im Durchmesser). Gewöhnlich ist er von runder Form. Goring nimmt elliptische Spiegel und erhält auf diese Weise cylindrische Strahlenbüschel. Gewöhnlich sind die Reflexionsspiegel doppelt, so dass auf der einen Seite ein Concavspiegel, auf der andern ein Planspiegel sich befindet. Letzteren benutzt man, wenn das äussere Licht sehr hell und für schwache Vergrösserungen ausreichend ist. Zuweilen ist auch statt des Planspiegels eine schwarze Platte angebracht, um bei Beobachtung opaker Objecte einen dunkeln Grund abzugeben. Der Spiegel wird so gegen das Licht gekehrt, dass er die Lichtstrahlen gegen das Object reflectirt. In einigen Fällen wird indessen diese Beleuchtung zu hell, so dass völlig durchsichtige Körper unsichtbar werden könnten. Man hat daher verschiedene Mittel ausgedacht, um die Lichtmenge zu vermindern. So kann man den Spiegel bedecken mit schmäleren oder breiteren Ringen von dünner Pappe oder Papier, durch welche die reflectirende Oberfläche und mithin die Menge der Lichtstrahlen verringert wird. Diese Methode ist indessen sehr unzweckmässig und nicht mehr in Gebrauch. Man bringt dafür jetzt unter dem Objecttisch ein bewegliches Diaphragma mit vier oder fünf runden Oeffnungen an; die Grösse der Oeffnungen muss zum Theil nach ihrem Abstand von dem Objecttisch sich richten. Eben dieser Abstand des Diaphragma's vom Objecttisch ist ein wesentlicher Punkt bei dieser Art der Einrichtung; steht ersteres weiter von letzterem ab, so wird zwar in grösserer Ausdehnung, aber eine schwächere Lichtmenge auf das Object fallen, wenn die Strahlen durch eine weitere Oeffnung gehen, während umgedreht, wenn die Oeffnung enger ist, aber näher an dem Objecttisch, eine Lichtmenge von geringerem Umfange, aber von grösserer Intensität auf das Object fallen muss. Die letztere Art der Einrichtung ist bei starken Vergrösserungen vorzuziehen, wenn es darauf ankommt, die gesammte Lichtmenge auf einen einzelnen Punkt zu concentriren. Wird eine Lichtmenge über keine grössere Oberfläche zerstreut, so kann ein grösserer Theil eines Objectes bei schwächeren Vergrösserungen übersehen werden. Da es leichter ist, das Licht zu schwächen, als es zu verstärken, so muss das Diaphragma so nahe als möglich an dem Objecttisch angebracht werden.

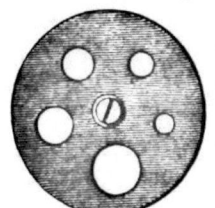

Oberhaeuser fertigt Diaphragma's, welche einzuschieben sind; dieselben bestehen aus einem kleinen Cylinder oder einer Platte mit einer sehr feinen Oeffnung, durch welche ein dünner, aber sehr intensiver Lichtkegel passiren kann. Dieses Diaphragma ist so angebracht, dass die Oeffnung gerade unter dem Glase, auf welchem das Object liegt, zu stehen kommt, und genau dem Centrum der Objectivlinsen gegenüberliegt. Allein der Mechanismus, mit welchem das lockere Diaphragma eingefügt wird, ist unzweckmässig, weil man, sobald man es wechseln will, zuvor das Object entfernen muss, und somit die Beobachtuug unterbrochen wird.* Es ist daher am besten, eine horizontal drehbare Scheibe mit Oeffnungen von verschiedener Grösse anzubringen, aber, wie bemerkt, so nahe als möglich unter dem Objecttische. In einer der Oeffnungen kann man vorkommenden Falls ein gefärbtes Glas anbringen.

Um das von dem Spiegel kommende Licht zu verstärken, gebraucht man Linsen, welche unter dem Objecttische angebracht sind und das Licht auf das Object concentriren. BREWSTER (1820) benutzte zu diesem Behufe vier Linsen, von denen jede einen Strahlenbüschel auf das Object durch ihre Oeffnung brach. So war dasselbe von vier Seiten beleuchtet; die Oeffnungen konnten nach Belieben geschlossen werden. WOLLASTON (1829) brachte eine planconvexe Linse unter dem Objecttische an, deren plane Oberfläche gegen das Object gekehrt war; sie concentrirte das von einem Planspiegel kommende Licht und warf es auf das Object. BREWSTER modificirte diesen Apparat (1831), so dass das Licht, nachdem es durch eine doppeltconvexe und eine periskopische Linse concentrirt war, auf einen ebenen Spiegel fiel, von welchem es wieder auf ein Linsensystem von zwei ähnlichen Linsen zurückgeworfen, und durch diese endlich auf das Object geworfen wurde. Ausserdem müssen wir noch eines, von DUJARDIN (1838) construirten Beleuchtungsapparates (siehe umstehende Abbildung) gedenken. Derselbe besteht aus drei achromatischen Linsen, welche in einer unter dem Objecttisch angebrachten Röhre vereinigt sind. Das Licht, dessen Menge durch die Oeffnung des Schirmes a a bestimmt werden kann, fällt zuerst auf das Prisma b, und von diesem auf die Linsen, welche es concentrirt auf das im Focus gelegene Object c (auf der Glasplatte d) werfen. Die stärkste der Linsen befindet sich unmittelbar unter dem Object.

OBERHAEUSER hat zu dem DUJARDIN'schen Apparat Diaphragma's mit sehr feinen Oeffnungen hinzugefügt. MERZ hat ebenfalls (1843) einen Beleuchtungsapparat construirt. Derselbe

---

* *Anm. d. Uebers.* Vortrefflich ist die Einrichtung an OBERHAEUSER'S grossen Instrumenten, durch welche ein und dasselbe Diaphragma auf- und niedergeschoben, von dem Object entfernt und ihm genähert werden kann, so dass man während der Beobachtung die Beleuchtung beliebig durch Niederschieben des Diaphragma's dämpfen, durch Aufschieben wieder verstärken kann.

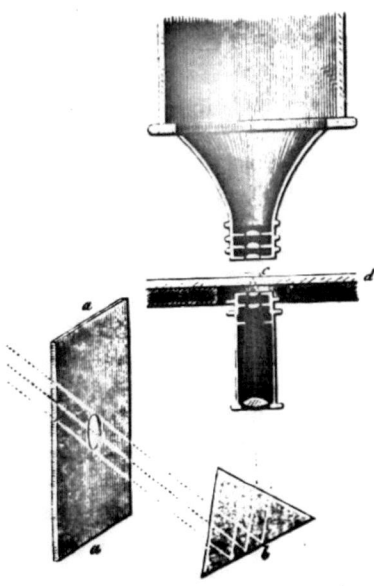

besteht aus einer zwei Linsen enthaltenden Röhre, welche gegen ein Prisma, von welchem jene die Lichtstrahlen erhalten, beweglich ist.

Alle diese verschiedenen Formen des Beleuchtungsapparates beruhen auf dem Princip, dass, um das Object hinreichend zu beleuchten, es nothwendig ist, dass dasselbe im Focus der vom Spiegel oder den Linsen ausgehenden Lichtstrahlen sich befindet. Allein obwohl dies in der Theorie ganz richtig ist, hat es sich in der Praxis als überflüssig herausgestellt; bei der jetzigen Construction unserer Mikroskope, erhält man genügendes Licht ohne solche Apparate, ohne dass das Object genau im Focus der Lichtstrahlen liegt; man kann daher meines Erachtens alle solche Apparate jetzt entbehren. In Betracht zu ziehen ist auch noch der Uebelstand, dass ein solcher Apparat ein Objectglas von bestimmter Dicke erfordert, wenn die Linsen unbeweglich unter dem Objecttisch angebracht sind, dass er ferner etwas complicirt ist und einige Uebung im Gebrauch erfordert. Die einfachste Art, eine Concentrationslinse anzubringen, ist die von Amici bei seinen Mikroskopen angewendete, — nämlich eine Planconvexlinse, welche auf- und niederbewegt werden kann, empfängt das Licht vom Spiegel und wirft es auf das Object; diese Art der Einrichtung erfordert den Gebrauch eines Diaphragma. Man kann das Licht auch durch die bekannte Selligues'sche Linse und Prisma, wenn man die Strahlen von ihnen auf den Spiegel werfen lässt, verstärken. Robert hat eine Linse von $1/3''$ Focaldistanz unter dem Objecttisch im Focus eines Concavspiegels angebracht, um das Object mit parallelen Strahlen, welche er für besser hält, als convergente, zu beleuchten. Reade lässt die Lichtstrahlen schräg auf das Object fallen, so dass das Licht nicht durchgeht; daraus folgt, dass das Object auf schwarzem Grund gesehen wird, indem der übrige Theil des Sehfeldes nicht erleuchtet wird; allein diese Methode ist nur bei schwachen Vergrösserungen, bei welchen ein grosser Abstand zwischen Object und Objectivlinsen ist, anwendbar. Es ist indessen nicht nöthig, irgend einen dieser verschiedenen Beleuchtungsapparate zu Hülfe zu nehmen. *

b) Von den Nebenapparaten des Mikroskops.

Da die mikroskopische Untersuchung organisirter Körper auf deren vorhergehende anatomische Untersuchung begründet ist, so versteht es sich von selbst, dass ein Theil der zur anatomischen Untersuchung unentbehrlichen Apparate auch für die mikroskopische Beobachtung anwendbar ist. Beide Arten der Untersuchungen sind indessen verschieden, und daher muss auch der gewöhnliche Präparirapparat einigermassen modificirt sein. Dazu kommt noch, dass die übliche Construction der Mikroskope gewisse Hülfsmittel nothwendig macht, und endlich, dass manche Apparate nur zu gewissen Untersuchungen oder gewissen Arten der Untersuchung erforderlich sind. Wir werden von den Apparaten zur Messung und Zeichnung der Objecte handeln, wenn wir vom Gebrauche des Mikroskops sprechen.

Unter den gewöhnlichen Hülfsmitteln zum Präpariren unter dem Mikroskop erwähnen wir folgende: eine gröbere und feinere

---

* *Anm. d. Uebers.* Ein wesentlicher Fortschritt ist jedenfalls die neuerdings hauptsächlich von NACHET eingeführte, sogenannte „schiefe Beleuchtung" von unten. Bei der gewöhnlichen Beleuchtungsweise fällt das Licht senkrecht von unten durch das Object ins Auge; haben wir nun z. B. ein Object, welches senkrecht stehende Zähnchen oder Leistchen etc. hat, so geht das Licht senkrecht von allen Seiten an diesen Leisten etc. vorbei, sie werfen daher keinen Schatten und können daher möglicher Weise mit dem Auge gar nicht wahrgenommen werden; kommt aber das Licht schräg von einer Seite, so werden sie nach der andern Seite einen mehr weniger intensiven Schlagschatten werfen und durch diesen deutlich wahrnehmbar werden. Man hat daher unter dem Objecttisch seitwärts ein Prisma angebracht, welches das Licht schräg auf das Object wirft. Dieses Prisma kann im Kreise beweglich sein, so dass man von jeder beliebigen Seite her das Object schief beleuchten kann. Auch OBERHAEUSER und AMICI haben ihren neuesten Instrumenten solche „schiefe Beleuchtungsapparate" beigegeben.

Pincette, eine Zange, welche von selbst das Object unter dem Objectiv festhält, nachdem man sie auf dem Objecttisch befestigt hat; Messer von verschiedener Form und Grösse, so auch Valentin's Doppelmesser, um feine Lamellen von gleichmässiger Dicke zu schneiden.

Dieses Messer besteht aus zwei flachen, auf beiden Seiten scharfen Blättern, welche mit Hülfe einer Schraube a einander parallel und in verschiedenen Abständen von einander, je nach der beabsichtigten Dicke der Lamelle, gestellt werden können;* Oschatz's Mikrotom ist ebenfalls sehr brauchbar, um dünne Schnitte zu machen; es besteht im Wesentlichen aus einem horizontal gestellten Messer, welches mit Hülfe eines complicirteren Mechanismus in eine sehr rasche sägende Bewegung gebracht wird; das Object ist dem Messer gegenüber in einem Kästchen befestigt, welches mit Hülfe einer Mikrometerschraube in beliebiger Höhe vor die Schneide gestellt werden kann; man kann auf diese Weise die Dicke der zu schneidenden Lamellen im Voraus bestimmen, und kann solche von ausserordentlicher und gleichförmiger Dünne erhalten; auch ist das Instrument so eingerichtet, dass man die Lamellen unter Wasser schneiden kann. Ferner: spitze und gekrümmte Nadeln, welche an einem flachen Griff befestigt sein müssen, damit sie beim Weglegen nicht fortrollen; Staarnadeln, zugespitzte Federspulen; eine Scheere mit einem breiten Blatt; Strauss-Duerkheim's Mikrotom, welches aus einer in zwei scharfe Blätter auslaufenden Scheere besteht; feine Glas-Heber und Pipetten, welche man gebraucht, theils um kleine Körper (Infusorien, Niederschläge) vom Boden aufzuheben, theils um Tropfen einer Flüssigkeit zu Präparaten zuzusetzen; Wachs-

---

* *Anm. d. Uebers.* Zweckmässiger ist eine Modification des Doppelmessers, wie sie E. H. Weber gebraucht. Das Weber'sche Messer besteht aus zwei säbelförmig gekrümmten, auf der convexen Seite scharfen, auf der concaven sehr dicken Messern; von 6—8 Zoll Länge. Da dieses Instrument sehr schwer ist, schneidet es sehr scharf, ohne dass man Druck anwendet, indem man blos leise zieht.

und **Korkplatten**, um Gegenstände während der Präparation darauf zu befestigen; die Korkplatten kann man auf der Unterseite mit einer Zink- oder Bleiplatte versehen, damit sie sich in der Nässe nicht verbiegen und beim Präpariren unter Wasser zu Boden sinken; verschiedene **Glasgefässe**, **Schleifsteine**, **Sägen**, **Feilen** und **Meisel** für die Präparation harter Körper (z. B. Zähne); **Kameelhaarpinsel**, eine **Spritzflasche**, eine **Spritze**, **Injectionsapparate** u. s. w. Es ist gut, sich daran zu gewöhnen, so wenig als möglich Instrumente zu gebrauchen.

Glasplatten sind unentbehrlich, von welcher Construction das Mikroskop auch sein mag. Man breitet die Objecte darauf aus, wenn man sie bei durchgehendem Licht untersuchen will. Ihre Grösse und Gestalt richtet sich nach der Grösse und Form des Objecttisches. Das Glas, aus dem sie geschnitten sind, muss Plattenglas sein, farblos, ohne einen Schein ins Rothe, Grüne oder Blaue, ohne Streifen oder Luftblasen, und frei von jeder Beimischung des rothen Eisenoxyds, welches zum Schleifen benutzt wird, und nicht selten im Glas, wenn man es unter dem Mikroskop betrachtet, zu finden ist, wodurch leicht Täuschungen entstehen können. Man muss daher das Glas, bevor man es gebraucht, sorgfältig prüfen. Die Glasplatten müssen etwa 1''' dick sein; sind sie sehr dünn, so brechen sie leicht, wenn man sie reinigt oder niederlegt. Concave Gläser, z. B. kleine Uhrgläser, kann man bei der Untersuchung eines Objectes, welches in einer grösseren Menge Flüssigkeit schwimmt, verwenden. Lebende Thiere können auch in kleine Cylindergläser eingeschlossen werden; kleine wasserdichte Büchsen aber aus ebenen Glasplatten eignen sich besser zu diesem Zweck. Glasringe können ebenfalls dazu benutzt werden; solche Ringe schneidet man aus einer Glasröhre, und kittet sie auf eine Glasplatte; oder man verbindet durch einen Metallring ein concaves und ein ebenes Glas oder auch zwei Uhrgläser. Jeder fertigt sich solche Hülfsmittel nach eignem Gutdünken. Gefärbte und schwarze Gläser hat man auch für opake Gegenstände benutzt, allein hierbei ist das Material der Unterlage von geringer Bedeutung; kleine schwarzangestrichene Holzplatten sind am geeignetsten. Dünne Glasplättchen, **Deckplättchen**, benutzt man zum Bedecken der zu untersuchenden Objecte; viereckige sind am besten (von etwa $\frac{1}{2}''$ Durchmesser), da sie leichter abzuheben und auf ein Object zu decken sind, als runde. Sie dürfen nicht allzudünn sein, weil sie sonst zu leicht beim Abwischen brechen; andrerseits dürfen sie auch nicht so dick sein, dass sie einen stärkeren Druck auf das Object ausüben; oder auch das Objectivglas nicht genug nähern lassen, so dass das Object nicht in den Focus gebracht werden kann. Im Uebrigen gilt für dieselben, was bereits von den grösseren Glasplatten gesagt wurde. Platten von Marienglas sind nicht so gut, wegen ihrer Streifen und ihrer Zerbrechlichkeit; gelegentlich kann man sie auch verwenden.

Unter den verschiedenen Apparaten erwähnen wir zunächst das Compressorium, welches, wie wir sehen werden, zur Untersuchung gewisser Objecte, welche erst gepresst werden müssen, erforderlich ist. Bei dem Gebrauche dieses Instruments werden die Theilchen des Objects in grösserer Entfernung von einander über eine grössere Fläche ausgebreitet, fixirt, und in eine und dieselbe Ebene zu liegen gebracht. Dies erreicht man zum Theil schon durch das Darüberdecken einer dünnen Glasplatte, welche durch ihr eigenes Gewicht wirkt. Um den Druck zu vermehren, besonders bei elastischen oder bei härteren Objecten, welche man zerdrücken will, hat man einen besonderen Apparat construirt, welchen zuerst Purkinje (1834) gebrauchte. Sein Compressorium besteht aus einer ringförmigen Messingplatte, in deren Centrum sich eine gewöhnliche Glasplatte befindet. Ein messingener Rahmen mit einer dünnen Glasplatte wird senkrecht auf das Object geschraubt, welches dadurch mit grösserer oder geringerer Gewalt gepresst werden kann. Der Rahmen wird nach aussen über den Rand der Messingplatte gedreht, bevor man das Object einlegt, und wird durch einen Haken, welcher einen Wirbel hält, befestigt. Obwohl Purkinje und Andere dieses Instrument bei allen ihren Untersuchungen gebrauchen, so scheint es uns doch zu complicirt und zu schwer. Das Glas, welches zum Pressen dient, muss ziemlich dick sein, wodurch es die Anwendung stärkerer Objectivlinsen mit kurzer Focaldistanz hindert; ist es zu dünn, so bricht es leicht und kann dann nicht so leicht wieder ersetzt werden, als dasjenige in Schiek's Compressorium.

Dieses besteht aus einer viereckigen Messingplatte f mit einer Glasplatte in ihrem Centrum; auf dieser liegt eine dünne Glasplatte, in einen Messingring e gefasst. Dieser Ring balancirt in dem Gabelende d des Hebels b; der Hebel selbst ist etwa in der Mitte um eine auf der Messingplatte befestigte Achse in senkrechter Ebene drehbar. An seinem äussern Ende geht eine Schraube a durch denselben; dreht man diese, so steigt der äussere Hebelarm, während der innere mit der Gabel niedergeht und so den Ring mit dem Glasplättchen niederdrückt. Da dieser Ring nur an zwei Punkten in der Gabel drehbar befestigt ist, so ist der Druck nicht so gleichförmig, als bei Purkinje's Compressorium, bei welchem derselbe vollkommen senkrecht ausgeübt wird; das Object kann daher, wenn es elastisch ist, leicht nach einer Seite hin weggedrückt werden. Oberhaeuser, Pacini, Amici und Wallach haben einige unwesentliche Veränderungen an Schiek's Compressorium angebracht. Damit man das Object gleichzeitig sich rollen, oder, wenn es eine Membran ist, sich falten lassen kann, hat Mandl an der einen Seite von Schiek's Compressorium eine Schraube angebracht; dreht man dieselbe, so schiebt sich die obere Platte über das Object hin, und bringt so jene Wirkung zu Stande. Quatrefages hat auf der oberen Seite des Compressoriums vier kleine Stiftchen angebracht, um es horizontal stellen zu können, wenn man es umkehrt, um das Object von der unteren Seite zu sehen. Dujardin hat ebenfalls etwas daran verändert, um es in Verbindung mit seinem Beleuchtungsapparat benutzbar zu machen.

Das Compressorium muss mit grosser Genauigkeit gearbeitet sein, damit die beiden Glasplatten einander vollständig parallel bleiben; ist dies nicht der Fall, so kann kein gleichförmiger Druck erzielt werden. Bekommen die Gläser durch den Gebrauch Kritzel, so müssen sie gewechselt werden. Beim Gebrauch des Compressoriums muss man darauf achten, nicht zu viel Gewalt anzuwenden, weil sonst das dünnere Glas springt, und das Präparat verloren geht, was besonders leicht bei harten Substanzen, oder wenn zufällig ein hartes Sandkörnchen in ein weiches Object gerathen ist, vorfällt. Der Gebrauch des Compressoriums ist in der That jetzt viel weniger allgemein, als zur Zeit der ersten Einführung desselben durch PURKINJE; und im Ganzen kann es allerdings recht gut entbehrt werden. Es kann ebensowohl zum Zerdrücken harter Körper, als zur Demonstration eines Objectes, welches unverrückt festgehalten werden soll, benutzt werden; allein selbst hierbei muss man oft noch Hülfsmittel anwenden, indem man kleine Wachskügelchen zwischen den Gläsern anbringt, welche den Druck mindern. Bei einiger Uebung lernt man sehr bald den Grad des Drucks abschätzen, welchen ein Object verträgt, oder erfordert, und diesen kann man leicht hervorbringen, wenn man mit einer Nadel oder Messerspitze auf die obere Platte drückt. *

Gewisse Körper, z. B. Turmalin und isländischer Kalkspath, besitzen das Vermögen der doppelten Brechung. Dieses Vermögen wurde am isländischen Kalkspath im Jahre 1669 von BARTHOLIN entdeckt. Nach der Entdeckung der Polarisation des Lichts von solchen Körpern durch MALUS 1800 war TALBOT der Erste, welcher polarisirtes Licht bei dem Mikroskop in Anwendung brachte; später wendete es BREWSTER an. Bedient man sich einer einfachen Linse, so wird sie mit einer Platte von durchsichtigem Turmalin bedeckt; hat man eine aus zwei planconvexen Gläsern zusammengesetzte Linse, so wird die Turmalinplatte mittelst Canadabalsam zwischen beide gekittet. Eine zweite Turmalinplatte ist unter dem Objecttisch angebracht, oder kann auch in eine der Oeffnungen des Diaphragma's eingefügt werden. Beide Turmalinplatten werden so gegeneinander gestellt, dass das vom Spiegel kommende Licht polarisirt wird; d. h. in Folge der eigenthümlichen Brechung nicht durchgeht, sondern das Sehfeld schwarz erscheint. Legt man nun einen Gegenstand auf den Objecttisch, so depolarisirt dieser das Licht, und erscheint in hellen Farben auf dunklem Grund. In derselben Weise wird die Polarisation bei dem zusammengesetzten Mikroskope angewendet, indem man

---

* *Anm. d. Uebers.* Einfacher und sicherer drückt man einfach mit der Nagelfläche des Daumens.

eine Turmalinplatte unter dem Objecttisch anbringt, die andere auf dem Ocular; da aber Turmalinplatten stets etwas gefärbt und dunkel sind, so hat Nicol zuerst an ihrer Stelle zwei Prismen von Kalkspath angewendet und auf die beschriebene Weise angebracht. Hierbei wurde aber das Sehfeld ausserordentlich beschränkt; um dies zu vermeiden, hat Charles Chevalier das obere Prisma in der Röhre des Mikroskopes angebracht, zwischen Ocular und Objectiv, unmittelbar über letzterem, während das andere Prisma in gewöhnlicher Lage unter dem Objecttisch sich befindet, aber beweglich ist und rund herumgedreht werden kann, bis das Sehfeld dunkel wird. Das Object, welches dann auf den Tisch gelegt wird, depolarisirt, wie erwähnt, das Licht. Zum Behuf der Polarisation kann man auch Glasplatten, welche in einer besonderen Weise zu befestigen sind, gebrauchen.

Ich muss bemerken, dass, obwohl ich vielfach mit den Nicol'schen Prisma's gearbeitet habe, ich doch keinen Polarisationsapparat der ausgedehnten Verwendung, die er in den Händen einiger Beobachter gefunden hat, für werth befunden habe. Er ist nur anwendbar zur Untersuchung gewisser Objecte, z. B. Krystalle, Stärkmehlkügelchen, der Linse des Auges. Im Allgemeinen aber kann man kaum behaupten, dass charakteristische Structurverhältnisse bei polarisirtem Licht mit grösserer Deutlichkeit hervortreten.

Die eben beschriebene Polarisation ist die gewöhnliche Form. Circular-Polarisation, welche man zur Prüfung der Dichtigkeit verschiedener Flüssigkeiten benutzt (z. B. verschiedener Biersorten, Zuckerlösungen, diabetischen Urins) ist bei dem Mikroskop noch nicht angewendet worden.

Der besondere elektrische Apparat, welchen Ploessl construirt hat, um elektrische Erscheinungen unter dem Mikroskop zu beobachten, wird selten noch benutzt. Auch den Rotationsapparat hat man in neueren Zeiten verwendet, z. B. um unter dem Mikroskop Muskelfasern zur Zusammenziehung zu bringen. * (Weber.)

---

* *Anm. d. Uebers.* Zu diesem Behuf muss man sich noch eine kleine Vorrichtung machen. Man belegt eine kleine Glasplatte von zwei entgegenge-

Um das Objectivglas gegen chemische Agentien zu schützen, oder beim Eintauchen in eine Flüssigkeit, bedient man sich eines sogenannten „Protectors", welcher entweder aus einer kleinen Glasglocke oder einem kleinen Cylinder mit einem Planglas am Ende, besteht, und auf das Objectiv aufgeschraubt wird.

Wagner und Donné haben verschiedene Formen von Apparaten construirt, um den Blutlauf in der Schwimmhaut der Froschfüsse zu zeigen. Zu diesem Zweck bediene ich mich einer Korkplatte, auf welche der Frosch festgebunden wird, nachdem er in ein Stück Leinwand eingewickelt ist; der Schenkel und jede Zehe werden in die Schlinge eines Fadens gebracht, welcher durch die Korkplatte gezogen ist, und werden so befestigt, dass die Schwimmhaut ausgespannt ist und unmittelbar über eine Oeffnung in der Korkplatte von einigen Linien Durchmesser zu liegen kommt, durch welche das Licht fällt. Durch Anziehen und Lockern der um den Schenkel gelegten Schlinge kann die Circulation abwechselnd verlangsamt und beschleunigt werden.* Solche und ähnliche Apparate für specielle Untersuchungen müssen in jedem gegebenen Falle den besonderen Zwecken und Bedürfnissen des Beobachters angepasst werden.

Schliesslich erfordern die mikroskopischen Untersuchungen sehr häufig die Anwendung chemischer Agentien. Unter diesen erwähnen wir besonders: destillirtes Wasser, Alkohol,

---

setzten Seiten her mit Staniolstreifen, welche in zwei sich gegenüberstehende, durch einen nach Umständen verschieden grossen Zwischenraum getrennte Spitzen auslaufen. Den zu untersuchenden Muskel legt man dann so auf die Glasplatte, dass jedes seiner Enden auf einer solchen Spitze aufliegt, während man die Leitungsdrähte des Apparates äusserlich an die Staniolstreifen anlegt.

* *Anm. d. Uebers.* Grausamer, aber einfacher und besser ist folgende Methode, den Blutlauf zu zeigen. Man bindet einen Frosch ausgestreckt auf ein viereckiges Klötzchen mit Fäden, die man um die Vorder- und Hinterschenkel legt. Dieses Klötzchen wird auf den Objecttisch so gelegt, dass der Frosch mit einer Seite aufliegt. Dann schneidet man den Bauch auf und breitet das Mesenterium einer Darmschleife auf einer Glasplatte gerade über der Oeffnung des Tisches aus. In dem glashellen Mesenterium sieht man den Blutlauf viel deutlicher, als in der weniger durchsichtigen, zum Theil mit Pigmentzellen bedeckten Schwimmhaut.

Aether, Terpentin, Canadabalsam, verschiedene Säuren, vor allen Essigsäure, Chromsäure, Schwefelsäure, Salzsäure, Salpetersäure und Jodsäure (welche PLATNER statt Essigsäure empfiehlt, um die Kerne der Zellen zu zeigen), Lösungen von kohlensaurem Kali, Aetzkali und Aetznatron, Kochsalz, Zucker, Jodtinctur zur Aufsuchung des Stärkmehls, u. s. w.* CHARLES CHEVALIER hat einen pyrochemischen Apparat construirt, welcher aus einem Tisch besteht, unter welchem zwei Spirituslampen angebracht sind, um ihn und das darauf befindliche Object zu erwärmen.

Wir beschliessen diesen Abschnitt mit einer kurzen Notiz über den Kasten, in welchem das Mikroskop aufbewahrt wird, und welcher eben so gebaut sein muss, wie andere zur Aufbewahrung von Instrumenten bestimmte Kasten. Er muss fest, aber nicht plump, und aus trocknem Material, welches der Feuchtigkeit widersteht, gearbeitet sein. Eine bequeme Anordnung der einzelnen Theile in dem Kasten, bei welcher sie vor Erschütterung und vor dem Hin- und Herrutschen bei Bewegung des Kastens geschützt sind, ist ein wesentliches Erforderniss. In dieser Beziehung übertreffen die französischen Instrumente alle anderen. Es ist zweckmässig, den Kasten an allen Stellen, wo es nöthig ist, mit Sammt oder Tuch auszukleiden, aber nicht mit Leder. Es ist ferner gut, auf Reisen noch einen einfachen äusseren Kasten oder Futteral zu haben, in welchem das Instrument gegen jede Gefahr von Beschädigung gesichert ist. —

---

* *Anm. d. Uebers.* In England fertigt man vortreffliche Gläschen für die mikroskopischen Agentien. Es sind kleine Fläschchen, welche in eine feine Spitze mit enger Oeffnung auslaufen. Man füllt sie mittelst Erwärmen. Will man zu einem Präparat unter dem Mikroskop etwas zusetzen, so tupft man mit der Spitze an den Rand des Deckplättchens. Es fliesst dann jedesmal nur ein Tropfen aus.

BESCHREIBUNG EINIGER DER GEBRAEUCHLICHSTEN MIKROSKOPE.

Zusammengesetztes Mikroskop von CHARLES CHEVALIER.

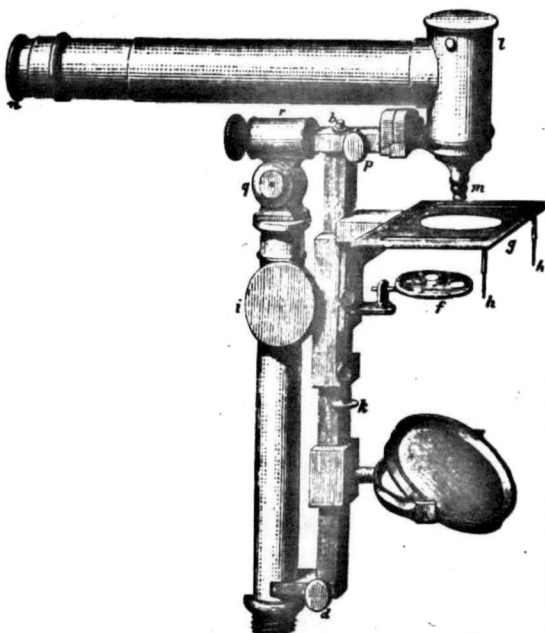

a Stativ, welches auf den Kasten aufgeschraubt wird; es trägt an dem Querarm b den senkrechten viereckigen Balken c, welcher durch den Stift d an dem Stativ befestigt ist. Dieser Pfeiler trägt unten den Spiegel e, über diesem befindet sich das Diaphragma f, welches nach der Seite gedreht werden kann, wenn es nicht gebraucht wird. Ueber diesem befindet sich der Objecttisch g, mit zwei Klammern h h. Er wird bewegt, theils durch Zahnleiste und Zahnrad, dessen Handhabe i ist, theils durch die feinere Stellschraube k. An dem vordersten Ende des Querstücks b befindet sich der optische Theil des Mikroskopes, d. i. die Röhre mit dem Prisma l in dem Knie (welches entfernt werden kann, wenn man das Instrument senkrecht stellt), dem Objectiv m und dem Ocular n. Die Röhre kann bei o verlängert werden; der ganze optische Theil kann abgenommen werden, wenn man einen Stift losmacht, welcher durch die Schraube p festgehalten wird. Der ganze viereckige Pfeiler mit den daran befindlichen Apparaten kann in q und r ganz herumgedreht werden, so dass der Objecttisch und der Spiegel über die Röhre mit dem Objectiv und Ocular zu stehen kommen.

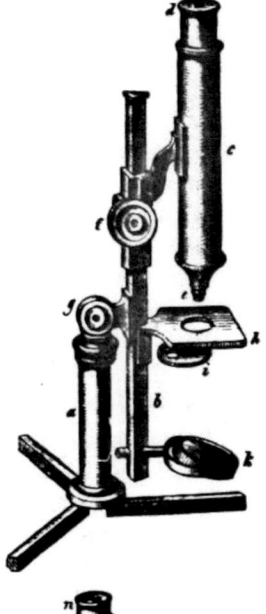

Zusammengesetztes („grosses") Mikroskop von Schiek oder Ploessl.

a Stativ auf einem Dreifuss ruhend, unter welchem Stellschrauben angebracht werden können. Dieses trägt die dreikantige Säule b, an welcher die Röhre des Mikroskops c mit dem Ocular d und dem Objectiv e auf- und niedergeschoben werden kann, mittelst des Zahngetriebes, dessen Handgriff in f ist. Die Säule und die Röhre können gerade gegen das Licht gekehrt werden, indem man sie in dem Charniergelenk g dreht; die Säule trägt ausserdem den Objecttisch h mit dem Diaphragma i und dem Spiegel k. *

Zusammengesetztes („grosses") Mikroskop von Oberhaeuser.

a ein hohler Cylinder („Trommel") mit einem schweren Fuss b. In diesem befindet sich der Spiegel c, beweglich durch die Schraube d. Auf dem Cylinder ruht der Objecttisch e, welcher rund um seine Achse gedreht werden kann, und mit verschiedenen kleinen Cylindern f zur Aufnahme von Selligues' Linse, Pincetten u. s. w. versehen ist. Unter dem Tisch befindet sich das Diaphragma g. (Bei den meisten Oberhaeuser'schen Instrumenten ist jedoch das oben beschriebene auf- und niederschiebbare Diaphragma vorhanden; die Handhabe zu diesem Mechanismus ist an der Seite; die Diaphragmacylinder mit verschiedenen gröberen und feineren

---

* *Anm. d. Uebers.* Bei den meisten derartigen Mikroskopen ist noch eine

Oeffnungen werden von oben in die Oeffnung des Tisches eingeschoben. D. Uebers.) Eine Seite des Tisches trägt an einer Verlängerung den Pfeiler h; dieser besteht aus einem festen Cylinder zwischen zwei Hohlcylindern. Durch diese kann eine seitliche Bewegung erzielt werden, indem man an dem Querstück i den optischen Theil des Instruments nach aussen von dem Tisch dreht; mittelst der Schraube k wird die feinere Einstellung des Focus bewerkstelligt. In dem Cylinder l wird die

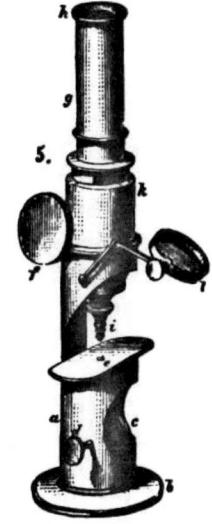

Röhre m mit dem Ocular n und dem Objectiv o auf- und niedergeschoben, entweder nur mit Benutzung des Widerstandes durch die Reibung oder mittelst eines Zahngetriebes. Die Röhre besteht aus verschiedenen Stücken, welche in einander geschoben werden können.

Kleines zusammengesetztes Mikroskop von Fraunhofer.

a, b, c, d wie in der vorhergehenden Figur, e unbeweglicher Tisch, f Handgriff des Zahngetriebes, welches die Röhre g mit dem Ocular h und dem Objectiv i in dem Cylinder k bewegt. Selligues' Linse l kann auch bei dieser Form von Mikroskopen angebracht werden.*

---

feinere Schraube, welche den Objecttisch auf- und niederschiebt, zur feineren Einstellung vorhanden.

* *Anm. d. Uebers.* Ganz ähnlich construirt sind die in Deutschland gebräuchlichsten kleinen Mikroskope von Schiek und Oberhaeuser, nur dass fast bei allen die grobe Einstellung durch Auf- und Niederschieben der Röhre in dem Cylinder (ohne Getriebe), die feine durch Bewegung des Objecttisches mittelst einer feinen, an einer Seite desselben unter ihm befindlichen Schraube bewirkt wird.

Wir beschränken uns, wie Verf., auf die Vorführung dieser wenigen Formen von Instrumenten. Die complicirteren Instrumente von Amici, Nachet, die übrigen französischen und besonders die mannigfachen, zum Theil sehr zusammengesetzten, mit vielen Nebenapparaten versehenen englischen Instrumente sind bei uns sehr wenig in Gebrauch. Wer ein solches sich anschafft, wird nach den allgemeinen Erörterungen auch ohne Beschreibung durch den Gebrauch bald genug damit vertraut werden. Sehr gerühmt werden noch die nordamerikanischen Instrumente.

DRITTES KAPITEL.

ANLEITUNG ZUM GEBRAUCH DES DIOPTRISCHEN ZUSAMMENGESETZTEN MIKROSKOPS.

Die praktische Handhabung des Mikroskops wird viel leichter unter der persönlichen Anleitung eines mit seinem Gebrauch Vertrauten, ebenso wie durch eigenes Studium und Uebung erlernt, als durch Auswendiglernen einer Anzahl von Regeln, welche der Natur der Sache nach nothwendig sehr unvollständig sein müssen. Ueberdies muss man die Verschiedenheiten der Construction der Mikroskope, die verschiedenen Eigenthümlichkeiten der Linsen, die individuelle Geschicklichkeit und die Fähigkeiten des Beobachters und endlich die Mannigfaltigkeit der Objecte, welche zum Gegenstande mikroskopischer Untersuchungen gemacht werden, bedenken. Während Einige das Mikroskop lediglich als Unterhaltungsmittel, oder nur um die Mannigfaltigkeit der Formen in der Welt kennen zu lernen, benutzen, trachten Andere danach, die Bedeutung dieser Formen zu erfahren durch Ergründung der Principien und Gesetze, denen sie unterworfen sind. Nur so weit, als beide Klassen von Mikroskopikern einfache Beobachter sind, ist die Methode des Gebrauchs des Instruments die gleiche; sobald aber ein Versuch gemacht wird, die Beobachtung zu deuten, muss mit einem Male eine andere Anordnung getroffen werden. Es kann aber hierbei besonders nur eine Anleitung von sehr allgemeinem Charakter gegeben werden; das Wichtigste ist, eine genaue Bekanntschaft mit dem Instrument, grossen Fleiss und Ausdauer, und diejenige Schärfe im Sehen unter dem Mikroskop zu besitzen, welche man sich nur durch lange fortgesetzte Uebung erwirbt.

Die folgenden Seiten können also nur zu einer allgemeinen Anleitung bestimmt sein; wir gedenken in diesem Kapitel nur die Regeln auseinanderzusetzen, welche für die Erhaltung und Anordnung des Mikroskops, für die Beleuchtung und Wahl der Vergrösserungen, für die Auswahl, Präparation, Beobachtung und Erklärung des zu prüfenden Gegenstandes zu beobachten sind; schliesslich werden wir von der Messung, Abzeichnung und Aufbewahrung der Objecte handeln.

Ein Jeder, welcher ein Mikroskop besitzt oder benutzt, muss vor Allem darauf die grösste Sorgfalt verwenden, dasselbe **gut zu halten**; man kann in der That aus dem Zustande, in welchem ein Beobachter sein Instrument hält, sehr gut die Art und Weise, in welcher er seine Beobachtungen macht, erkennen. Ist ein Mikroskop in fortwährendem Gebrauch, so ist es zweckmässig, dasselbe gar nicht auseinanderzunehmen; man lässt es aufgestellt, schützt es aber vor Staub u. s. w., indem man es mit einem Gehäuse von Pappe oder dünnem Holz, dessen Fugen mit Papier zu überkleben sind, bedeckt. Eine Glasglocke schmückt allerdings mehr, allein sie ist doch mehr Unfällen ausgesetzt, und schützt nicht vor der schädlichen Einwirkung der directen Sonnenstrahlen. Natürlich muss das Instrument vor Dämpfen, Beschädigung durch Anstossen, oder anderen heftigen Erschütterungen, welche leicht die Centricität der Linsen stören, bewahrt werden. Es ist weniger leicht, die Linsen vor Staub oder Fingerflecken zu hüten. Den Staub entfernt man zunächst mit Hülfe eines weichen Kameelhaarpinsels; ist es nöthig, die Linsen zu putzen, besonders wenn sich Dämpfe an sie angelegt haben, oder sie durch Angreifen mit den Fingern beschmutzt sind, so bedient man sich eines Stückes feiner weicher Leinwand, welche noch nicht abgetragen ist, weil sonst Fäserchen von den Fäden an den Linsen hängen bleiben und die Beobachtung stören. Weiches Leder ist nicht so passend, da es durch Nässe steif wird, und fremde Körper, z. B. Sandkörnchen, leicht an demselben haften, welche die Linsen beschaben, wenn man es zum Putzen gebraucht. Noch schlechter ist es, die Linsen mit Seide zu wischen, welche oft einen dünnen fettigen Ueberzug darauf hinterlässt. Putzt man die Linsen, so ist es zweckmässig eine drehende Bewegung mit der Hand zu machen, damit, im Fall sie durch irgend eine Ursache bekritzelt werden, die Kritzel concentrisch mit der Peripherie verlaufen, was weniger schadet, als wenn sie über das Centrum weggehen. Sollte die Linse beschmiert sein, so kann man etwas Terpentin zum Putzen nehmen; aber es muss rasch geschehen, so dass der Terpentin nicht Zeit hat, zwischen die beiden Gläser der Linse zu dringen, im Fall diese mit Terpentin oder Canadabalsam verbunden sind. Hat man mit chemischen Agentien gearbeitet, insbesondere solchen, von denen Dämpfe auf dem Objectiv sich haben niederschlagen können, so muss man die Linsen unmittelbar nach der Beobachtung reinigen. Vor Allem ist es Schwefelwasserstoff, welcher höchst nachtheilig auf das Flintglas einwirkt, da dieses eine grosse Menge Blei enthält, und dessen untere Oberfläche in unsern achromatischen Linsen stets den Dämpfen ausgesetzt ist; man sollte daher niemals ein Mikroskop in einem chemischen Laboratorium stehen lassen. Wird ein Mikroskop im Winter aus einem kalten in ein warmes Zimmer gebracht und läuft dadurch an, so ist es besser, entweder zu warten, bis die Feuchtigkeit wieder verdunstet ist, oder es wenige Minuten nahe ans Feuer zu halten, als das ganze Instrument abzuwischen. Im Allgemeinen muss man sich vor dem häufigen Putzen hüten; am wenigsten ist es nöthig bei dem Objectiv, da dieses nach unten gekehrt ist, und im Allgemeinen nur durch Unvorsichtigkeit beim Unterlegen des zu prüfenden Objectes beschmutzt wird; das Ocular, welches nach oben gekehrt ist, wird viel leichter beschmutzt oder beschmiert durch Berührung mit den Augenwimpern.

Was in Bezug auf die Linsen bemerkt wurde, gilt in gleicher Weise auch für die Glasplatten, auf welche man die Objecte legt, und die dünnen Deckplättchen. Wenn es nöthig ist, muss man sie mit feinem Leinen, das man mit Wasser oder Terpentin befeuchtet, putzen; man muss dafür sorgen, dass sie rein sind, sobald man ein zu betrachtendes Object auf ihnen anbringt. Da Glasplatten nicht theuer sind, so sollte man ein und dasselbe Glas nicht zu lange Zeit hintereinander brauchen, da es sonst leicht durch das Putzen bekritzelt wird. Neue Gläser muss man prüfen, bevor man sie in Gebrauch nimmt, um sich zu versichern, ob sie nicht bekritzelt oder anderweitig beschädigt sind, oder ob nicht ein fremder Körper sich an das Glas oder das zu prüfende Object angelegt hat, weil sie in diesem Falle nicht denselben Focus haben. Dreht man das Ocular oder das Objectiv während der Beobachtung um seine Achse, so erkennt man an der Bewegung genau, wo sich der Staub oder ein Kritzel, den man beim Durchsehen bemerkt, befindet.

Einige Beobachter gebrauchen das Mikroskop immer in senkrechter Stellung, andere dagegen in horizontaler. Welche Lage vorzuziehen sei, hängt hauptsächlich von der Gewohnheit ab. Gebraucht man das Mikroskop in senkrechter Stellung, so muss man während der Beobachtung stehen; ist daher eine Person mehrere Stunden hintereinander mit Mikroskopiren beschäftigt, so wird sie leicht Müdigkeit im ganzen Körper, besonders aber in den Nackenmuskeln und Druck auf der Brust fühlen; man sagt auch, dass dabei die Thränenflüssigkeit auf die Cornea vorfliesst, und wenn sie sich dort in grösserer Menge ansammelt, die Beobachtung stört; allein dieser Einwurf ist vielleicht mehr theoretisch als wirklich begründet. Wer das Mikroskop in horizontaler Lage gebraucht, hat den Vortheil, während er darunter arbeitet, und ebenso während der Beobachtung sitzen zu können, auch werden dabei alle Bewegungen mit der Hand sicherer sein, da man den Ellenbogen aufstützen kann; ferner ist diese Lage geeigneter, wenn man ein Object mit der Camera lucida zeichnen will. Allein der Grad der Beleuchtung ist vielleicht etwas geringer als bei der senkrechten Stellung; da man ein Prisma anbringen muss, wenn die Röhre des Mikroskops rechtwinkelig gebogen ist.*

Nachdem man sich überzeugt hat, dass das Instrument in ordentlichem Zustande ist, muss man zunächst Sorge tragen,

---

* *Anm. d. Uebers.* Die meisten der neueren Mikroskope werden gar nicht mehr für die horizontale Lage construirt und mit Recht. Auch kann man bei senkrechter Stellung des Mikroskopes, wenn es nicht allzuhoch ist, recht gut und bequem sitzen, den Ellenbogen aufstützen u. s. w., besonders bei den unter allen am meisten gebrauchten kleinen Instrumenten von SCHIEK und OBERHAEUSER, ebenso bei OBERHAEUSER's grossen Mikroskopen. Hat man einen hohen Stuhl, so kann man auch mit grossen SCHIEK's und PLOESSL's bequem in sitzender Stellung arbeiten.

dass alle Theile mit Genauigkeit angeordnet sind. Der Tisch, auf welchen man das Mikroskop stellt, muss fest stehen, damit äussere Störungen keine wackelnden Bewegungen hervorbringen. Dies merkt man sehr leicht während der Beobachtung; so wird z. B. einem aufmerksamen Beobachter nicht leicht die Bewegung des Objects unter dem Mikroskop entgehen, sobald Jemand im Zimmer auf- und abgeht. Die Oberfläche des Tisches muss ferner horizontal sein, oder das Mikroskop muss wagerecht gestellt werden, indem man etwas unterlegt, oder mit Hülfe von Stellschrauben, wenn solche vorhanden sind; sonst werden Gegenstände, welche in einer Flüssigkeit schwimmen, dem Gesetze der Schwere folgen und oft ganz aus dem Sehfeld verschwinden. Es versteht sich von selbst, dass der Tisch von einer für den Beobachter passenden Höhe sein muss, mag er sitzen oder stehen, so dass seine Bewegungen nicht gehemmt sind, und seine Stellung nicht ermüdend ist. Gut ist es, einen besondern Tisch für das Mikroskop und die übrigen Apparate zu haben.

Die Beleuchtung geschieht entweder mit gewöhnlichem Tageslicht oder mit künstlichem Licht. Benutzt man Tageslicht, so ist es gut, wenn das Fenster, an dem man mikroskopirt, nach Norden geht, da man auf diese Weise das beständigste Licht hat und nicht durch directe Sonnenstrahlen gestört wird. Es ist nicht nöthig, die Laden von allen übrigen Fenstern zu schliessen, und nur so viel Licht einfallen zu lassen, als auf den Spiegel fallen kann, so dass die Pupille des Auges sich mehr ausdehnt und dadurch mehr Lichtstrahlen vom Object einlässt. Es ist noch dazu hinderlich für das Präpariren und Zeichnen der Objecte, wenn das ganze Zimmer nicht gehörig erhellt ist.* Um alles vom Object reflectirte Licht abzuschliessen, befestigt man einen Schirm vor den Objecttisch und das Objectiv. Die Aussicht aus dem Fenster muss so frei als möglich, besonders nicht durch gegenüberstehende hohe und namentlich dunkle

---

* *Anm. d. Uebers.* Ist das Zimmer zu hell, so dass das Auge dadurch beim Beobachten gestört ist, und besonders im lichtarmen Sehfeld bei starken Vergrösserungen nicht scharf sieht, so braucht man das Auge nur mit der vorgehaltenen Hand zu beschatten.

Gebäude, oder Gegenstände, welche sich vor dem Fenster hin- und herbewegen, beeinträchtigt sein. Ein Himmel mit weissen Wolken giebt nach meiner Erfahrung das beste Licht; nur Wenige ziehen einen klaren blauen Himmel vor. Ist der Himmel blau und es ziehen nur hin und wieder weisse Wolken über ihn, so ist die Beobachtung gestört, weil die Beleuchtung jeden Augenblick wechselt; bei trübem Wetter ist das Licht im Allgemeinen unzureichend. Die directen Sonnenstrahlen dürfen niemals als durchgehendes Licht benutzt werden, ausgenommen vielleicht bei der Prüfung einiger wenig durchsichtiger Körper und dann nur für wenige Momente. Das grelle Sonnenlicht greift die Augen an (man hat allerdings versucht diesem Uebelstand zu begegnen durch Anbringung gefärbter [rother oder blauer] Gläser in dem Ocular oder über dem Objectiv); es macht ferner sehr durchsichtige Körper vollkommen unsichtbar und bringt ein verwirrtes Bild von Streifen und Flammen in zitternder Bewegung hervor, welche noch zunimmt, wenn das Object nicht vollkommen in Ruhe ist; die Gegenstände erscheinen ferner in Folge der Zerlegung der Lichtstrahlen mit irisirenden Rändern umgeben. Manche alte und selbst neuere Täuschungen verdanken der Anwendung des directen Sonnenlichts ihren Ursprung. Goring hat vorgeschlagen, die directen Sonnenstrahlen so anzuwenden, dass sie auf den mit weissem Papier bedeckten Spiegel fallen, und von diesem auf das Object geworfen werden. Allein auf diesem Wege erreicht man nicht mehr, als mit gewöhnlichem Tageslicht. Dagegen kann man das directe Sonnenlicht zuweilen anwenden bei der Beobachtung opaker Körper mit schwächeren Vergrösserungen, oder bei Körpern mit tiefen brillanten Farben.*

Benutzt man künstliches Licht, so bedient man sich am besten einer Argandlampe mit reinem weissen und gleichmässigen Licht; Wachs- oder Talgkerzen sind unpassend, weil die Flamme nicht so gleichmässig brennt, und die Kerze während der Beobachtung herabbrennt, so dass man die Stellung des Spiegels oder des Lichtes fortwährend ändern muss. Ich habe

---

* *Anm. d. Uebers.* Sehr geeignet ist das Sonnenlicht zur Untersuchung undurchsichtiger, feiner Injectionspräparate.

nicht untersucht, ob Kamphinlicht zu mikroskopischen Untersuchungen brauchbar ist. Es ist überflüssig, mehr als eine Flamme zu benutzen, da der Spiegel nicht gleichzeitig auf mehrere gestellt werden kann. Es ist am besten, die Lampe so zu stellen, dass der Abstand des Spiegels vom Object und vom Licht ungefähr gleich ist.

Im Allgemeinen muss ich meinen Lesern von der Anwendung künstlichen Lichtes abrathen, obwohl ich weiss, dass einige ausgezeichnete Mikroskopiker immer auch des Abends arbeiten. Künstliches Licht greift die Augen viel mehr an, als Tageslicht; es ist weniger stätig, und daher beobachtet man nicht selten ein gewisses Zittern an den Objecten während des Anschauens, ausserdem werden die Farben derselben undeutlich; endlich wird gewiss Niemand in Abrede stellen, dass anatomische Untersuchungen Abends immer mehr Schwierigkeiten darbieten als am Tage.* Ich für meine Person ziehe nur bei der Beobachtung opaker, besonders intensiv gefärbter Objecte, z. B. Injectionspräparate, das künstliche Licht vor, besonders wenn starke Vergrösserungen nothwendig sind. GRIFFITH's Vorschlag, das Lampenlicht, in welchem Gelb die vorherrschende Farbe ist, zuvor ein Glas passiren zu lassen, welches die Complementärfarbe zu Gelb hat, um reines Weiss zu erhalten, ist vom theoretischen Standpunkte aus ebenso falsch, als BREWSTER's Idee, homogenes Licht zu verwenden, praktisch nicht gut ausführbar ist. Ist das zu prüfende Object opak, so braucht man den Reflexionsspiegel nicht, ausgenommen bei Anwendung des LIEBERKUEHN'schen Spiegels; unter allen andern Umständen beobachtet man mit reflectirtem Licht, dessen Intensität man durch die oben erörterten Mittel erhöht. Benutzt man SELLIGUES' Linse, so erhält man das hellste Licht, wenn man die ebene Seite gegen das Licht, die convexe gegen das Object kehrt; bei künstlicher Beleuchtung muss das Licht der Linse sehr nahe gebracht werden.

Benutzt man durchgehendes Licht, so muss der Reflexions-

---

* *Anm. d. Uebers.* Man verbessert die Beleuchtung des Sehfeldes mit hellem Lampenlicht wesentlich, wenn man über das Diaphragma ein dünnes mit Oel getränktes Papierblättchen legt.

spiegel mehr weniger schräg gegen den Punkt, von welchem das Licht ausgeht, gestellt werden; durch Hin- und Herbewegen des Spiegels findet man leicht, wie man das hellste Licht erhält. Gebraucht man Tageslicht, und dies nehmen wir bei allen den folgenden Bemerkungen an, so bemerkt man, dass das Sehfeld zuweilen mit einem helleren und rötheren Licht beleuchtet ist, zuweilen mit einem schwächeren und mehr bläulich gefärbten. Keine dieser Lichtarten ist im Allgemeinen zur Beobachtung geeignet; sondern der Spiegel muss stets so gestellt werden, dass man reines weisses Licht erhält; zu diesem Zwecke muss man ihn oft etwas seitwärts drehen; dies ist auch nöthig, wenn ein Gegenstand, welcher unmittelbar vor ihm sich befindet, den Zutritt des Lichtes hindert. Um gute Beleuchtung zu erhalten, muss man zuweilen den Spiegel dem Object mehr nähern oder mehr entfernen, vorausgesetzt, dass die Construction des Mikroskopes eine solche Hin- und Herbewegung des Spiegels gestattet.

Wir haben bereits die Mittel besprochen, durch welche man die Beleuchtung verstärken, und wie man sie mittelst eines Diaphragma's schwächen kann. Ist kein Diaphragma am Mikroskop vorhanden, was bei neueren Instrumenten schwerlich der Fall ist, so muss die Lage des Spiegels verändert, oder derselbe mit der Hand beschattet werden. Obwohl dies im Ganzen weniger zweckmässig ist, als die Oeffnungen des Diaphragma's zu wechseln, so giebt es doch Umstände, unter welchen dieses Verfahren vortheilhaft benutzt werden kann; in der That bewegen einige Beobachter den Spiegel fortwährend bei der Beobachtung, um den Gegenstand verschieden beleuchtet zu sehen, und hauptsächlich, um ihn von einer Seite beleuchtet zu sehen, während auf die entgegengesetzte Schatten fällt; dasselbe kann mit dem Diaphragma erreicht werden, wenn man nur die Hälfte der Oeffnung unterstellt. Die Mehrzahl der heutigen Beobachter lässt den Spiegel unverändert, wenn er einmal richtig eingestellt ist; man muss Acht geben, dass die Schrauben, an welchen der Spiegel sich dreht, nicht zu locker werden, weil sonst leicht die Lage des Spiegels während der Beobachtung verrückt wird. Wechselt man die Beleuchtung, so ist es zuweilen nöthig, den Abstand zwischen Objectiv und Object um ein Geringes zu ändern.

In Bezug auf die Wahl der geeigneten Vergrösserung habe ich bereits verschiedene Male gerathen, schwache Oculare und starke Objective zu gebrauchen, weil man auf diese Weise ein besseres Bild erhält, als umgekehrt. Objectivgläser sind gewöhnlich mit grösserer Genauigkeit gearbeitet als Oculare; und obwohl das Bild, wenn es einmal von dem Objectiv gebildet ist, grösser erscheint, wenn man es durch ein Ocular betrachtet, so wird es doch dadurch nicht klarer oder deutlicher. Anfänger fehlen häufig in dieser Beziehung, weil es bequemer ist, einen grossen Abstand zwischen dem betrachteten Object und dem Objectiv zu haben, wie es bei einem starken Ocular und schwachen Objectiv der Fall ist, bequemer ebensowohl, wenn man ein Object auf den Tisch legen will, als während der Beobachtung; es ereignet sich nämlich leicht, dass das Objectivglas mit der Platte, auf welcher das Object ruht, in Berührung kommt, und so das Object verschoben und die Linse beschmutzt wird. Wenn das Ocular sehr stark ist, so wird seine Oberfläche zu klein, um das ganze vom Objectiv entworfene Bild aufzunehmen, denn die Grösse des Sehfeldes, sowie die Helligkeit der Beleuchtung nehmen mit dem Durchmesser des Objectiv- und Ocularglases, also mit der Stärke der angewendeten Vergrösserung ab. Es ist demnach für Anfänger besser, ein schwächeres Objectiv zu wählen, damit das Object aufzusuchen und in die Mitte des Sehfeldes zu bringen; dann wird man es viel sicherer mit einem stärkeren Glas finden. Der geübtere Beobachter kann natürlich von vornherein diejenige Vergrösserung wählen, welche er für die jedesmalige Beobachtung für die geeignetste hält. Im Allgemeinen muss man suchen, die Vergrösserung so wenig als möglich zu wechseln, und wo es thunlich ist, sollte ein Beobachter immer mit demselben Mikroskop arbeiten, weil es auf diesem Wege leichter ist, vollkommen mit der ganzen Construction des Mikroskops und den Eigenthümlichkeiten der Linsen vertraut zu werden, und herauszufinden, welche Combination von Objectiv- und Oculargläsern das beste Bild giebt. Dazu kommt, dass man sich leichter von der wirklichen Grösse der verschiedenen Objecte einen Begriff machen, und ihr Grössenverhältniss in Vergleich mit andern bestimmen kann, wenn man sich beim Zeichnen immer nur einer oder zweier verschiedener Vergrösserungen bedient. Man findet nicht selten auf einer und derselben Tafel Objecte, welche vielleicht nur sehr wenig differiren, nach ganz verschiedenen Maassstäben gezeichnet, und so gelangt man nur sehr schwierig zu einer gegenseitigen Vergleichung der reellen Grössen der Objecte. Im Ganzen werden zwei Vergrösserungen, eine schwächere und eine stärkere, ausreichen. Als die schwächere kann man eine 20—50 fache Linearvergrösserung anwenden; für die stärkere genügt eine Durchmesservergrösserung von 300—400 Mal, höchstens 500 Mal. Eine derartige Vergrösserung verwenden die besten Beobachter; manche arbeiten bei ihren Untersuchungen sogar mit einer Vergrösserung von nur 300 Mal für gewöhnlich. Eine starke Vergrösserung ist nicht so wichtig als ein correctes und deutliches Bild. Sehr starke Vergrösserungen, 1000 malige und darüber, liefern meistens ein schlechtes Bild, theils in Folge des Lichtmangels, theils weil die Umrisse der gesehenen Objecte sich nicht mit gehöriger Deutlichkeit zeigen; es wird sehr selten nöthig sein, zu so starken Vergrösserungen zur Untersuchung der zarteren Verhältnisse gewisser Objecte seine Zuflucht zu nehmen.

Wir haben ebenfalls schon von den verschiedenen Combinationsarten der Objective und Oculare gesprochen, und werden sogleich sehen, dass jeder sich selbst die Stärke seiner Vergrösserungen berechnen muss. Um die Vergrösserung zu verstärken, kann man entweder das Ocular oder das Objectiv wechseln, oder beide, oder auch die Röhre des Mikroskops verlängern; aber, wie wir bereits bemerkt haben, erleidet man, obwohl das Bild bei letzterer Methode grösser wird, einen Verlust an Helligkeit, Grösse des Sehfeldes und Schärfe des Bildes. Man sollte daher selten diese Methode in Anwendung bringen.

Die Darstellung des zu untersuchenden Objects erfordert dieselbe Genauigkeit und Geschicklichkeit, als eine anatomische Präparation; denn der Erfolg der Beobachtung hängt von der Sorgfalt der Darstellung ab, und nur in sehr wenigen Fällen kann die Acuratesse in der Manipulation entbehrt werden. Allein die Mannigfaltigkeit der Objecte ebensowohl als die verschiedenen Individualitäten der Beobachter machen es unmöglich, mehr als ganz allgemeine Regeln für die

Behandlung der Objecte aufzustellen, und es wird sich oft ereignen, dass viel Zeit und manche verschiedene Darstellungsmethode angewendet wird, bevor man die richtige findet, bei welcher man im Stande ist, die Structur der verschiedenen Theile mit vollkommener Deutlichkeit zu erforschen. Andrerseits können aber auch zwei Beobachter auf verschiedenen Wegen zu denselben Resultaten gelangen, während jeder derselben seine eigne Darstellungsmethode für die beste hält.

Vor allem Andern muss bestimmt werden, ob sich ein Object überhaupt für die mikroskopische Untersuchung eignet. Wir denken dabei nicht an solche Umstände, unter welchen das Mikroskop nicht im Stande ist, nähere Aufschlüsse zu geben, als das nackte Auge; wir haben auch nicht solche Fälle im Sinne, bei welchen uns das Mikroskop sogar weniger Belehrung verschafft, weil die wahrnehmbaren Merkmale, welche nicht sowohl an den kleinsten mikroskopischen Elementen als an deren gröberer Anordnung vorhanden sind, nicht selten unter dem Mikroskop verschwinden, obwohl sie für das blosse Auge sichtbar sein mögen. Wir meinen vielmehr hier solche äussere Einflüsse, welche einen Gegenstand uns unter Verhältnissen, welche nicht normal sind, erscheinen lassen. So sollte man es sich zur Regel machen, nie einen Körper, welcher nicht frisch ist, der mikroskopischen Untersuchung zu unterwerfen, jedenfalls nicht bei der ersten Prüfung. Der Beobachter muss natürlich genau mit den Veränderungen bekannt sein, welche durch das Aufhören des Lebens und den Einfluss äusserer Agentien (Luft, Wasser, Kälte u. s. w.) hervorgebracht werden. Vielfältig sind die Irrthümer, welche sich in die Wissenschaft eingeschlichen haben, weil die Beobachter eine unpassende Wahl getroffen und Formen beobachtet und erklärt haben, welche aufgehört hatten, normal zu sein. Gleichzeitig muss man sich daran erinnern, dass, während einige Theile, animalische wie vegetabilische, lange Zeit nach dem Erlöschen des Lebens sowohl die natürliche Form ihrer Elementartheile als deren Anordnung erhalten können, und daher ebenso gut zur mikroskopischen als zur anatomischen Untersuchung brauchbar bleiben, doch bei andern Theilen, und namentlich bei thierischen, dies nicht der Fall ist, dass bei ihnen sowohl Form als Anordnung unter Verhältnissen erscheinen, welche kaum einen Schluss auf den normalen Zustand erlauben. Ich will hier nur die Untersuchungen über die Retina und die irrthümlichen Ansichten über die Structur dieses Organs ins Gedächtniss zurückrufen, welche zum grössten Theil aus der unpassenden Wahl des Materials entsprungen sind.

Die Hauptregeln für die Präparation der Objecte zu mikroskopischen Untersuchungen sind im Allgemeinen durch ihre Consistenz gegeben. Es ist ja der Zweck der Präparation, die opaken Theile so dünn zu machen, flüssige Körper in so dünnen Schichten auszubreiten, dass man sie bei durchgehendem Licht beobachten kann. Opake Gegenstände, welche entweder unmöglich durchsichtig zu machen sind, oder welche nur bei auffallendem Licht untersucht werden können, erfordern demnach keine andere Präparation, als die, welche nöthig ist, um sie auf einer geeigneten Grundlage zu fixiren. Man muss sie auf dem Objecttisch anbringen und in der Weise untersuchen, welche wir schon auseinandergesetzt haben, als wir von der Beleuchtung opaker Körper durch reflectirtes Licht handelten. Gut ist es indessen, die Oberfläche des Objects möglichst eben zu machen, so dass sie an allen Punkten vom Objectiv gleich weit absteht. Das Bild wird deutlicher, wenn man eine glatte Oberfläche übersieht. Wenn der Körper nicht von Natur glänzend ist, kann man ihn dazu machen durch eine dünne Schicht Wasser, Terpentin, oder einen andern Firniss.

Soll dagegen ein Object auf einer Glasplatte mit durchgehendem Licht untersucht werden, und besitzt es eine mässige Consistenz, so muss man einen möglichst feinen Schnitt davon machen. Dazu ist einige Uebung erforderlich, besonders wenn die Schnitte von einer gewissen Grösse sein sollen. Selten bedient man sich dazu der Scheere, da diese die Theile quetscht. Es ist besser, ein gewöhnliches scharfes Messer, oder eines mit einem breiten Blatt zu nehmen, wenn grössere Stücken erfordert werden; ein scharfes Rasirmesser kann auch, hierbei, wie bei andern Gelegenheiten, benutzt werden. VALENTIN's Doppelmesser ist ganz brauchbar, um grosse Schnitte zu machen, welche der Beobachter aufzubewahren wünscht; im Allgemeinen aber schneidet man bequemer mit einem gewöhnlichen Messer. Um das geschnittene Stückchen leichter vom Messer abzubekommen, muss man einen Tropfen Wasser auf das Object bringen, oder das Messer in Wasser tauchen; unter Umständen ist es sogar nöthig, den Schnitt selbst unter Wasser zu machen. Ist das Object sehr klein und zart, und schwierig mit den Fingern zu fassen, so legt man es auf eine dünne Korkplatte, oder befestigt es auch auf ihr, und schneidet beide miteinander durch; das Mark von Hollunder oder eines Gänsekiels kann ebenso benutzt werden. Oschatz's Mikrotom würde sehr nützlich sein, um eine grössere Anzahl gleichmässiger Schnitte zu erhalten, wenn das Instrument nicht zu complicirt und kostspielig wäre. Pappenheim bedient sich eines feinen Hobels, um sehr lange Stücke zu erhalten; indem er forthobelt, theilt er den Körper in eine Anzahl dünner Späne; allein hierzu muss das Object zuvor in einer Lösung von kohlensaurem Kali oder Kreosot erhärtet werden (s. unten).

Ist die Substanz so hart, dass es unmöglich ist, sie mit dem Messer zu schneiden, so bedient man sich einer Feile oder eines Schleifsteines. Eine Seite des Körpers muss in diesem Falle völlig glatt gemacht und dann sorgfältig mittelst Gummi oder Wachs auf einem Holzklötzchen befestigt sein, worauf man die andere Seite mit der Feile oder dem Schleifstein abschleift. Am besten befestigt man die Substanz während dieser Operation auf einer Glasplatte, um sie besser im Auge behalten und um erkennen zu können, wann sie hinreichend dünn ist, um mit durchgehendem Licht beleuchtet zu werden. Den Gummi oder das Wachs entfernt man dann, indem man das Präparat einige Zeit in warmes Wasser legt. Das ganze Präparat muss in den meisten Fällen von gleichmässiger Dicke sein; unter Umständen kann es aber auch an einigen Stellen dünner als an andern sein, um besser die Anordnung der Elementartheilchen zeigen zu können. Man muss die Schnitte in verschiedenen Richtungen führen, der Länge und der Quere nach, so dass man ein deutliches Bild von den Elementartheilen eines Objects und ihrer gegenseitigen Lage erhält, indem man sie theils *en face* theils *en profil* betrachtet.

Ist endlich das Object so weich, dass es sich nicht leicht in hinreichend dünne Lagen schneiden lässt, so kann man die erforderliche Dünnheit damit erreichen, dass man ein kleines Stückchen des Objects comprimirt; hierzu gebraucht man entweder das Compressorium, oder man bedeckt das Object mit einem Deckplättchen, welches man behutsam mit einer Nadel (oder dem Daumennagel) gegen die Glasplatte, auf welcher die Substanz liegt, drückt. Zuweilen ist das Object so weich, dass das Gewicht des Deckplättchens genügt, um die nöthige Dünnheit und Durchsichtigkeit hervorzubringen. Fürchtet man, dass dieser Druck schon zu stark ist (z. B. bei der Beobachtung der Bewegungen von Infusorien in einer Flüssigkeit), oder wünscht der Beobachter eine mehr weniger beträchtliche Schicht des Objects zu sehen, so bringt man ein feines Haar oder einen andern dünnen Gegenstand zwischen die beiden Glasplatten, in einem grössern oder geringern Abstand von einem Rande des Deckplättchens; die so eingelegte Substanz verhütet einen zu starken Druck. Befinden sich die Elementartheilchen in einer Flüssigkeit suspendirt, so ist eine Präparation selten oder niemals nöthig; man braucht nur einen kleinen Tropfen der Flüssigkeit auf eine Glasplatte zu bringen, mit einem Deckplättchen zu bedecken, um ihn mit Hülfe eines stärkern oder schwächern Drucks zu einer durchsichtigen Schicht auszubreiten (Blut, Milch).

Unter Umständen kann es nöthig sein, die Substanz zu erhärten, um besser im Stande zu sein, von den weicheren Theilchen feine Schnitte zu machen. Zu diesem Zwecke verwendet man Alkohol, Kreosot, kohlensaures Kali, und besonders: stark verdünnte Chromsäure. Die Chromsäure bewirkt, dass sich die Gewebselemente leichter mit Nadeln isoliren lassen, und dass sie in Folge der gelblichen Färbung deutlicher hervortreten. Die meisten thierischen Gewebe erhalten ihre Form und ihre Elementartheile unverändert in verdünnter Chromsäure, und manche erscheinen dadurch sogar deutlicher, als in ihrem natürlichen Zustande; dieses Reagens ist daher vor allen brauchbar zur Aufbewahrung mikroskopischer Präparate. Eine andere Behandlungsmethode besteht darin, dass man den ganzen Körper trocknet, und dann feine Schnitte von ihm macht, welche dann erst wieder in einer Flüssigkeit erweicht werden müssen, bevor man sie untersucht. Andere Theile müssen vor der Untersuchung macerirt oder gekocht, oder mit chemischen Agentien behandelt werden, z. B. mit Aether oder Terpentin, um das Fett auszuziehen; mit Salzsäure, um den Kalk aufzulösen; mit Essig- oder Jodsäure, um die Kerne der Zellen deutlich zu machen; mit Schwefelsäure, um das Oberhäutchen der Haare zu zeigen; (mit Aetznatron, um Nervenverbreitungen auf das Schönste hervortreten zu lassen, z. B. in der Haut und den Tastkörperchen; d. Uebers.); mit Jod, um Stärkmehlkörperchen nachzuweisen; mit Indigo und Karmin, um den Nahrungskanal von Infusorien zu beobachten. Querschnitte von Haaren kann man durch Rasiren erhalten, oder indem man das Haar in eine Spalte (wie bei einer Bürste) einklemmt, und dann quer durchschneidet u. s. w. Jeder Beobachter muss immer die Methode anwenden, welche er am praktischsten findet, und es zieht Mancher eine Methode einer anderen vor, welche grössere Aufmerksamkeit erfordert. So ist es z. B. leichter, sich ein dünnes Knochenplättchen vom Siebbein zu verschaffen, als sich einen Schliff von einem grösseren Knochen zu machen, um die Knochenkörperchen zu untersuchen, und so fort. Wir können hier nicht ausführlich auf die Beschreibung der Wirkung der chemischen Agentien im Allgemeinen eingehen, sondern müssen unsere Leser in dieser Beziehung auf die chemischen Handbücher verweisen. *

Oft ist es ausreichend zur Untersuchung, feine Schnitte zu machen, so bei den meisten vegetabilischen und auch bei einigen animalischen Theilen. Bei den meisten thierischen Substanzen ist indessen eine andere Procedur erforderlich, besonders wenn sie entweder so zart oder so zähe sind, dass es unmöglich ist, feine Schnitte von ihnen zu erhalten. In solchen Fällen muss man ein kleines Stückchen der Substanz auf eine Glasplatte legen und entweder mit einem spitzen Messer oder einer Nadel in die möglichst kleinen Parthien zertheilen. Die Wirkung davon ist, dass man die Elementartheile von einander trennt

---

* *Anm. d. Uebers.* Die beste Histochemie findet sich in LEHMANN's physiologischer Chemie, 3. Band. Ebenso ist in KOELLIKER's Handbuch der Gewebelehre die Einwirkung der chemischen Agentien auf die verschiedenen Gewebe und Gewebselemente, sowie deren Anwendungsweise bei mikroskopischen Untersuchungen trefflich erörtert. Die besten Abbildungen der Mikrochemie finden sich in FUNKE's Atlas der physiologischen Chemie.

und isolirt, während man zugleich grössere Stücken besser auf ihre Structur untersuchen kann, wenn sie so zertheilt sind. Man nimmt diese Präparation zuweilen unter einer Loupe vor.

Es ist nöthig, eine Flüssigkeit zuzusetzen, bevor man Schnitte oder Bruchstücke einer Substanz untersucht. Der Hauptnutzen davon ist, dass man das Austrocknen durch Verdunstung verhütet; ausserdem trennen sich dadurch die Theilchen leichter bei der Präparation, so dass sie nicht aneinander oder an der Glasplatte haften, sondern beweglich werden und frei in der Flüssigkeit schwimmen; gleichzeitig wird die Oberfläche des Körpers glatt gemacht, und erhält eine Art von Glanz, während derselbe durchsichtiger und die Contouren schärfer werden. Nur wenn man einen Gegenstand mit dunkleren Umrissen sehen will, oder wenn die Flüssigkeit die Theile zu durchsichtig macht, kann man dieselbe bei der Beobachtung weglassen. Befinden sich die Elementartheilchen schon von Haus aus in einer Flüssigkeit, so ist es gewöhnlich unnöthig, eine andere Flüssigkeit zuzusetzen, ausser wenn ihre Zahl so gross ist, dass sie das ganze Sehfeld bedecken würden, und ihre freie Bewegung gehemmt wäre.

Da die meisten thierischen und vegetabilischen Theile im natürlichen Zustande Wasser enthalten, so bedient man sich im Allgemeinen dieser Flüssigkeit. Destillirtes Wasser ist das beste, meistens genügt aber auch reines klares Brunnenwasser, da es nicht oft fremdartige feste Theilchen, z. B. Infusorien, enthält. Letztere stören indessen die Beobachtung sehr leicht, wenn sie in dem Präparat herumschwimmen.* Warmes Wasser ist selten nöthig.

Meist ist der Zusatz von Wasser ohne nachtheiligen Einfluss auf die Elementartheile; in andern Fällen dagegen leiden sie wesentlich durch die Absorption des Wassers, welches ihre Structur ändert oder sie sogar auflöst (z. B. Blut). Man hat daher noch andere Flüssigkeiten, deren Einwirkung von ge-

---

* *Anm. d. Verf.* Es ist eine irrige Annahme, dass ein Wassertropfen viele tausend Infusorien enthält; dieser Ausdruck besagt nur, dass diese Thierchen so klein sind, dass eine solche Menge in einem Wassertropfen enthalten sein kann; allein glücklicherweise ist dies nicht der Fall bei mässig gutem Brunnenwasser, welches ausserordentlich wenig Infusorien enthält.

wissen Substanzen besser vertragen wird, als gewöhnliche Zusatz- und Verdünnungsmittel verwendet. Wir erwähnen Lösungen von Kochsalz oder Zucker, Eiereiweiss, Blutserum, *humor aqueus*, verdünnte Säuren, besonders Essig- und Chromsäure, verdünnten Alkohol, besonders, wenn die Substanz bereits in solchem aufbewahrt gewesen ist, endlich Kreosot, Oel und Terpentin. Letzteren wendet man besonders bei trockenen Substanzen an, z. B. Zahnschliffen, Krystallen, Versteinerungen; oft macht derselbe aber die Elementartheile zu durchsichtig. Speichel eignet sich nicht, weil er mit Epithelialzellen und Luftblasen, welche die Beobachtung stören, gemischt ist. Es ist klar, dass man nicht solche Verdünnungsmittel anwenden kann, welche das Object auflösen, z. B. Säuren bei den meisten Krystallen, oder Terpentin bei Fett; auch kann man kein Oel zu wasserhaltigen Präparaten setzen, ausser zu gewissen speciellen Zwecken.

Es giebt Substanzen, z. B. die Retina, welche den Zusatz von Flüssigkeiten nicht erlauben, welche man daher in dem Medium, in welchem sie in Natur sich befinden, lassen muss. In solchen Fällen setzt man Flüssigkeiten nur zu, um deren Einwirkung auf die Elementartheile, nachdem man diese in ihren natürlichen Verhältnissen hinreichend beobachtet hat, zu studiren.

Man setzt die anzuwendende Flüssigkeit meist vor der Darstellung des Objectes mittelst eines Messers oder einer Nadel zu. Ist aber die Substanz sehr zart, und fürchtet man, dass sie dem Einfluss der Flüssigkeit nicht gut widersteht, so thut man gut, sie erst mit einem Deckplättchen zu bedecken, und dann einen Tropfen der Flüssigkeit auf das Messer zu bringen und an den Rand des Deckplättchens zu halten, so dass er sich in Folge der Capillarität darunter saugt. Dieses Verfahren schlägt man auch ein, wenn sich die Substanz bereits auf dem Objecttisch befindet, und man die unmittelbare Einwirkung, welche der Zusatz von mehr oder von einer neuen Flüssigkeit hervorbringt, zu beobachten wünscht. Zu demselben Behufe kann man auch einen feinen Baumwollenfaden unter das Deckplättchen legen, einen Tropfen der neuen Flüssigkeit auf die Glasplatte bringen, und das Ende des Fadens eintauchen; auf diese

Weise dringt die Flüssigkeit mit Hülfe des Fadens zu dem Object. Man muss sich in Acht nehmen, nicht so viel Flüssigkeit zuzusetzen, dass sie über das Deckplättchen fliesst, was leicht passiren kann, wenn letzteres sehr dünn ist. Hat man zu viel zugesetzt, so flottiren auch die Objecte. Die überflüssige Flüssigkeit kann man durch Löschpapier aufsaugen. Will man die Entstehung von Krystallen beobachten, so muss man die Flüssigkeit durch Concentration der Lösung entfernen. Beginnt die Flüssigkeit zu verdunsten, so zieht sie sich oft in einer krummen Linie über das Sehfeld zurück und zieht alle Theilchen mit sich fort; oft bleiben aber von ihr eine Anzahl von Linien auf dem Glas, welche sich durchkreuzen, und zwar oft ganz regelmässig, so dass der täuschende Anblick von verästelten Fasern entsteht.

Es ist schon wiederholt von dem Gebrauche der Deckplättchen die Rede gewesen. Man bedeckt das zu beobachtende Object mit einem solchen, theils um die Verdunstung zu verhindern und es feucht zu erhalten, theils um zu verhüten, dass Dämpfe sich an das Objectiv anlegen und es trüben; endlich noch um einen gelinden Druck auszuüben, durch welchen die Elementartheilchen von einander getrennt werden, und während sie gleichzeitig fixirt werden, in eine und dieselbe Ebene zu liegen kommen. Bei den meisten Untersuchungen bedeckt man das Object mit einem Deckplättchen; doch ist es nicht absolut nothwendig, besonders bei dem Gebrauch schwächerer Vergrösserungen. Es giebt auch Substanzen, welche so zart sind, dass sie das Auflegen eines Glasplättchens gar nicht vertragen, während man in andern Fällen sogar ein dickeres Plättchen auflegt, um die Substanz durch dessen Gewicht stärker zu comprimiren, und dasselbe so als Ersatz für ein eigentliches Compressorium dient. Vom Gebrauch des letzteren Instrumentes haben wir schon gesprochen, und dabei schon aufmerksam gemacht, dass die obere Glasplatte nicht so dick sein darf, dass sie die Einstellung des Objects in den Focus der Objectivlinsen verhindert.

Bei der Prüfung der von verschiedenen Optikern gefertigten Mikroskope wird man finden, dass einige ein besseres Bild geben, wenn man das Object mit einem Deckplättchen bedeckt, während andere im Gegentheil ohne ein solches ein besseres liefern. Man wird ferner finden, dass bei derselben Vergrösserung gewisse Körper deutlicher und schärfer contourirt erscheinen, wenn man sie mit einer Glasplatte bedeckt, während andere besser ohne solche beobachtet werden. Bei näherer Prüfung wird man auf Combination von Objectiven und Ocularen stossen, wo die eine oder die andere der erwähnten Methoden das beste Bild giebt, bei einer entsprechenden Länge der Röhre des Mikroskopes; ja zuweilen wird es sogar nicht ohne Einfluss sein, ob man ein dünneres oder dickeres Deckplättchen auflegt. Dieser Unterschied hängt zum Theil von dem Umstand ab, dass der Verfertiger des Instruments, während er die Linsen zusammensetzt, um ein gutes Bild hervorzubringen, das erste Probeobject entweder mit oder ohne Deckplättchen gebraucht, und darauf seine Linsen so anordnet, dass die Aberration bei einer oder der anderen dieser Methoden vermieden ist. Man muss aber hierbei noch die besondern Eigenthümlichkeiten der Objecte in Rechnung bringen, obwohl sich über diesen Punkt keine bestimmten Regeln aufstellen lassen. Da es nun aber aus den oben erörterten Gründen in den meisten Fällen zweckmässig ist, das Object mit einem Deckplättchen zu bedecken, so sind solche Mikroskope, welche deren Anwendung gestatten, vorzuziehen. Im Allgemeinen ist der Unterschied in der Reinheit des Bildes beim Gebrauch eines Deckplättchens und bei Weglassung desselben am leichtesten bei starken Vergrösserungen wahrzunehmen. *

Hat man das Präparat, wie es sich gehört, dargestellt, so geht man an dessen Beobachtung. Das Object wird vorsichtig auf den Objecttisch gelegt, wobei sich der Beobachter in Acht zu nehmen hat, dass es nicht in Berührung mit dem Objectivglas kommt. Anfänger thun daher wohl, einen ausreichenden Zwischenraum zwischen Objectiv und Objecttisch zu lassen, während sie das Präparat auf diesen legen. Kommt Nässe an

---

* *Anm. d. Uebers.* AMICI hat sogar einige seiner Vergrösserungen darauf berechnet, dass man auf die Oberseite des Deckplättchens einen Tropfen Wasser bringt, welcher sich oben an die Linsen anlegt, so dass also die Strahlen des Objectes durch Wasser und nicht durch Luft gehen, bevor sie das Objectiv erreichen. AMICI hat ferner verschiedene Deckplättchen für verschiedene Vergrösserungen.

die Linsen, entweder durch Berührung mit dem Object oder durch aufsteigende Dämpfe (wogegen man auch während der Beobachtung auf der Hut sein muss), so dass sie trüb werden, so muss man sie unverzüglich abtrocknen, oder der Beobachter muss einige Augenblicke warten, bis die Dämpfe wieder verschwinden. Man bringt darauf das Object in den Focus mit Hülfe einer der oben beschriebenen Einstellungsmethoden des Objecttisches oder der Röhre; zuerst bewirkt man die gröbere Einstellung mittelst des Zahngetriebes (oder des Schiebens der Röhre), und sodann die genauere Einstellung mittelst der feineren Schraube, wenn das Mikroskop mit einer solchen versehen ist.

Das Auge muss dem Ocular so nahe als möglich gebracht werden, so dass man ein grosses Sehfeld erhält und fremdes Licht ausgeschlossen ist; man darf aber die Augenwimpern nicht mit jenem in Berührung kommen lassen, um nicht die Beobachtung zu stören und das Glas zu beschmutzen. Da man nur mit einem Auge auf einmal beobachten kann, so ist es am besten, das andere Auge unterdessen zu schliessen, um es nicht zu ermüden, besonders wenn es längere Zeit direct gegen das Licht gerichtet ist. Es wird kaum nöthig sein, etwas über das Auge zu binden, oder einen schwarzen Schirm zu diesem Zweck an dem Ocular anzubringen. Man muss sich daran gewöhnen, mit beiden Augen zu beobachten, und sie abwechselnd zu gebrauchen; weil sonst das Sehvermögen auf beiden ein verschiedenes wird. Die Beobachtung darf nie so lange fortgesetzt, oder bei so grellem Licht angestellt werden, dass Ermüdung im Auge eintritt.

Die Bewegung der Zahnwelle oder der Schraube muss zart gemacht werden, indessen mit fester, aber leichter Hand. Es ist daher am besten, den Ellenbogen auf den Tisch zu stützen, vor welchem man sitzt, oder den Arm an den Körper anzulegen, wenn man steht. Sitzt man, so darf man die Brust nicht gegen den Tisch stemmen, weil sonst die Pulsation des Herzens gegen denselben die Beobachtung stört. Es ist hier beim Mikroskop, wie überhaupt, zweckmässig, sich im Gebrauch beider Hände zu üben; die Handhaben der Schrauben, welche die Bewegungen ausführen, sind indessen gewöhnlich nur an einer Seite angebracht, und man benutzt dann die andere Hand, um das Object unter dem Objectiv zu verschieben und den Spiegel und das Diaphragma zu reguliren. Während der Beobachtung muss man den Handgriff der Stellschraube beständig in der Hand halten, so dass man ohne Unterbrechung die kleinen Bewegungen ausführt, welche nothwendig sind, um die Ränder und die verschiedenen Oberflächen eines Objectes zu beobachten und um irgend andere Körper in demselben Sehfeld, aber nicht in demselben Focus zu untersuchen. Der Beobachter muss sich hüten, das Objectiv und das betrachtete Object einander so weit zu nähern, dass sie sich berühren, oder wenn das Object mit einem Glasplättchen bedeckt ist, mit solcher Gewalt aufeinander stossen, dass sie beschädigt oder zerbrochen werden. Das passirt sehr leicht, wenn man nicht auf die Richtung Acht giebt, in welcher die Schraube sich dreht, oder wenn man zu rasch dreht. Je näher aneinander Objectiv und Object sich befinden, wenn letzteres in den Focus gebracht ist, desto langsamer und vorsichtiger muss man mit der Schraube umgehen. Auch während der Beobachtung muss man sich von dem kürzesten Abstand, bis auf welchen jene ohne Schaden einander genähert werden können, überzeugen. Besondere Vorsicht ist bei den stärkeren Objectiven anzuwenden, da deren Focaldistanz äusserst kurz ist.

Man muss immer im Auge behalten, dass das Bild verkehrt ist, dass daher der Gegenstand sich in der entgegengesetzten Richtung von der des Bildes bewegt, ausser wenn auf dem Ocular ein Prisma angebracht ist, welches das Bild aufrecht macht. Dieser Apparat wird indessen selten angewendet und es ist leicht, sich an die verkehrte Bewegung zu gewöhnen. Um das Object unter dem Objectiv zu verschieben, ist der verschiebbare Objecttisch sehr brauchbar, kann aber entbehrt werden. Wenn man das Object schieben will, darf man es nie vom Tisch abheben, sondern muss es nur darauf hingleiten lassen, um die Berührung mit dem Objectiv zu vermeiden. Es ist z. B. nothwendig, die Glasplatte, auf welcher ein Object liegt, auf dem Tische rückwärts und vorwärts zu schieben, um ein Object aufzusuchen, und um die Elementartheile in möglichst vielen Formen zu sehen. Da es wünschenswerth ist, die Elementartheile eines Objectes von allen Seiten zu sehen, so möge man suchen, sie in der Flüssigkeit flottiren oder rollen zu lassen, wobei man sich zugleich von ihrer Consistenz überzeugt, wenn sie auf einander oder auf andere Körper stossen. Dies bewirkt man, indem man entweder das ganze Präparat schiebt, oder sanft an das Deckplättchen stösst, oder etwas Flüssigkeit zusetzt oder wegnimmt, wodurch eine Strömung entsteht. Ist das Präparat nicht mit einem Deckplättchen bedeckt, so erzeugt schon die Verdunstung je nach ihrem Grade eine mehr weniger schnelle Bewegung. Indessen darf sich der Beobachter nicht durch die Bewegung der Objecte selbst täuschen lassen, welche z. B. bei der Gegenwart von Infusorien oder Flimmerzellen in der Flüssigkeit entstehen kann. Man entdeckt auch bald, wenn sich etwa die Theilchen constant nach einer Seite hin bewegen, ob der Objecttisch nicht horizontal steht. Wünscht man gleichzeitig die Elementartheilchen noch in ihrem Zusammenhange und isolirt zu beobachten, so muss man auf die Ränder oder kleinen Fragmente des Präparats sein Augenmerk richten. Hier und da wird es auch passend sein, etwas Druck anzuwenden, um das Object durchsichtiger zu machen.

Es macht keine erhebliche Schwierigkeit, ein Object einfach durch das Mikroskop zu sehen; etwas Anderes ist es aber, wenn man etwas in der Absicht, eine Erklärung von dem, was man beobachtet hat, zu geben, untersucht. Die Schwierigkeiten hierbei liegen hauptsächlich in der Art der Beleuchtung bei durchgehendem Licht. Es ist viel leichter, opake Körper zu beobachten und ihre Beschaffenheit zu erkennen, da man diese bei auffallendem Licht sieht, wobei das Licht von oben von einer Seite kommt und Schatten auf die andere Seite wirft, ebenso wie wir mit blossem Auge die Gegenstände meist in auffallendem Lichte sehen. Auch die Farben der Körper, welche ihre Erkennung leichter machen, bleiben bei auffallendem Lichte unverändert. Bei durchgehendem Lichte dagegen, welches man in der grossen Mehrzahl der Untersuchungen anwendet, gehen die Farben der Gegenstände, selbst wenn sie intensiv sind, leicht verloren; das ganze Verhältniss von Licht und Schatten ist verändert; oft gehört eine grosse Erfahrung dazu, um entscheiden zu können, ob ein erblickter Gegenstand solid oder hohl ist, ob es ein hohler oder solider Cylinder, oder ob es ein flaches langes Band ist, ein Streifen oder eine Faser, ein Kügelchen oder eine Scheibe, ein Loch oder ein Fleck, eine Erhöhung oder eine Aushöhlung und so fort. Die Ursache, warum wir solche Unterschiede nicht auf den ersten Blick erkennen können, liegt hauptsächlich darin, dass wir, wenn wir durch das Mikroskop sehen, nur diejenige Ebene des Objects vollkommen deutlich erblicken, welche genau in dem Focus der Objectivlinsen liegt; während eine Ebene des Objectes, welche in grösserem oder geringerem Abstande davon liegt, matt oder undeutlich erscheint. Während das dem Auge zukommende Accommodationsvermögen uns im gewöhnlichen Leben gestattet, abwechselnd nähere und entferntere Gegenstände zu beobachten, fehlt uns dieses bei mikroskopischen Beobachtungen, und dieser Mangel kann nur dadurch ausgeglichen werden, dass wir durch Auf- und Niederschieben der Linsen verschiedene Ebenen des Objectes in den Focus bringen. Wenn es, und dies kommt häufig vor, z. B. schwierig ist, mit blossem Auge aus einiger Entfernung ein Basrelief von einem Gemälde zu unterscheiden, so verändern wir entweder die Lage des Auges, oder nähern uns dem Gegenstand, oder gebrauchen bei sehr grosser Aehnlichkeit wohl auch den Tastsinn, um diesen Punkt zu entscheiden; alle diese Mittel fehlen uns aber bei mikroskopischen Beobachtungen, und sind nur unvollkommen ersetzt durch abwechselnde hellere und schwächere Beleuchtung des Objects. Endlich wird das Verständniss eines Objects erschwert durch die besondere Art und Weise, in welcher durchgehendes Licht (durch die sogenannte Interferenz der Strahlen) an den Rändern der Körper gebeugt wird, so dass diese von einem schmalen hellen Saume umrändert erscheinen, welcher bei runden Körpern z. B. für ein lichtes Häutchen, oder bei langen Körpern für eine umliegende Röhre gehalten werden kann, oder den Beobachter verleiten kann, einem Object irrthümlich doppelte Contouren zuzusprechen. Diese Ablenkung der Strahlen ist beträchtlicher bei starken Objectiven und besonders bei durchsichtigen Körpern mit scharfen Umrissen; sie bringt weniger Verwirrung hervor bei schwachen Objectivgläsern und bei mehr opaken Körpern; sie wird ferner bedeutender, wenn das Object nicht genau im Focus liegt, und verschwindet zuweilen, wenn man die Stellung des Spiegels ändert. Ich habe bemerkt, dass diese Ablenkung bei einigen Mikroskopen beträchtlicher ist, als bei andern, ohne mit Bestimmtheit den Grund davon angeben zu können; möglicherweise rührt dies von der grösseren oder geringeren Oeffnung des Objecttivglases her. Der schmale helle Saum wird irisirend, wenn man statt gewöhnlichen Tageslichtes directes Sonnenlicht oder grelles Lampenlicht anwendet. Die Nichtkenntniss der Gesetze der Ablenkung hat bei früheren Beobachtern zahlreiche Irrthümer hervorgerufen, namentlich bei Untersuchungen, welche bei directem Sonnenlicht ausgeführt sind; Spuren davon sieht man selbst in Abbildungen neuerer Autoritäten.

Diese Schwierigkeiten, welche sich der Deutung eines Gegenstandes entgegenstellen, können allerdings durch die Befolgung der für die Präparation und Beobachtung erörterten Regeln und durch Aufmerksamkeit auf die letztgenannten Verhältnisse verringert werden; allein gänzlich aufgehoben können sie nur durch eine stätige langfortgesetzte Beobachtung und praktische Geschicklichkeit werden. Die Leichtigkeit, mit welcher das Vermögen, Beobachtungen zu deuten, erworben wird, hängt zum grossen Theile von den individuellen Anlagen des Beobachters ab. Ein gesundes Auge ist die wesentlichste Bedingung; aber dieses muss mit Formsinn und einer leichten Auffassungsgabe für Formverschiedenheiten verbunden sein; denn nur durch ein Zusammenwirken dieser Fähigkeiten erhält man eine klare und genaue Anschauung von einem Gegenstand. Der Gesichtssinn folgt denselben Regeln, wie der Gehörsinn; es ist eine andere Sache, Töne hören zu können, eine andere, sie zu verstehen, zu combiniren, und ihnen Ausdruck in Form einer Melodie zu verleihen. Weiter geht die Aehnlichkeit zwischen diesen beiden Sinnen nicht; denn der Gesichtssinn ist der einzige, welchen man bisher verbessern gelernt hat, für den Gehörsinn kennen wir durchaus keine ebenso vortrefflichen Mittel zur Heilung seiner Gebrechen. Obwohl gerade das erhöhte Sehvermögen zu den eben erwähnten Uebelständen geführt hat, so kann das Mikroskop doch nur dann optische Täuschungen veranlassen, wenn wir vergessen, jene in Ueberlegung zu ziehen. Der Beobachter muss sich wohl hüten, Irrthümer dem Mikroskop unterzuschieben, an denen allein der Mangel an eigner Sorgfalt und Genauigkeit Schuld ist. Unter solchen Veranlassungen zu Irrthümern erwähnen wir nur: schmierige Streifen an den Linsen, oder Kritzel auf den Glasplatten, hervorgebracht bei der Präparation der Objecte mit Nadeln, oder Streifen auf dem Objecte, welche von der Feile oder dem Schleifstein herrühren, welche besonders in Betracht kommen, wenn der Körper eine fasrige Textur oder streifige Oberfläche hat; Staub an den Linsen oder Glasplatten, welche man zusammen mit den von der Putzleinwand herrührenden Fäserchen für Theilchen der zu prüfenden Substanz halten kann; endlich das zum Poliren verwendete Eisenoxyd, oder die Luftbläschen in den Glasplatten u. s. w. Die Wirkungen dieser und ähnlicher Veranlassungen zu Täuschungen dem Instrument anzurechnen, wäre gerade so, als wenn Einer bei der stethoskopischen Untersuchung die Reibung der Kleider für Crepitation hielte. Ist ein Beobachter unvorsichtig genug, voreilig solche Beobachtungsresultate zu veröffentlichen, so verräth er einen Mangel an Accuratesse und ein übermässiges Selbstvertrauen zu seinen Fähigkeiten, welche er zuvor hätte ausbilden und prüfen sollen, indem er mit der Untersuchung leichter und bekannter Objecte begann, und dann erst allmälig zu neuen und schwierigeren fortschritt. Die irrige Deutung der Beobachtungen ist es, welcher ebensowohl die Mehrzahl der Irrthümer, als der Miscredit zur Last fällt, welcher eine Zeit lang und nicht ohne Grund den mikroskopischen Untersuchungen anhing. Die Lage der Dinge hat sich jetzt aber geändert, nicht allein durch die zunehmende Vervollkommnung der Instrumente, sondern auch in Folge des bessern Unterrichtetseins der Beobachter, so wie durch den grösseren Fleiss und Sorgfalt, welche jetzt erforderlich sind, um einer mikroskopischen Beobachtung wissenschaftliche Geltung zu verschaffen, und ihr mehr als eine rein historische Bedeutung zu verleihen.

Unter den gewöhnlichsten Zufällen, welche die Beobachtung stören können, aber schwerlich zu falschen Auslegungen führen, wollen wir (ausser der häufigen Beimischung grösserer und kleinerer Luftbläschen zum Präparat, welche besonders die Aufmerksamkeit des Anfängers erregen, aber ihm bald bekannt werden) kurz zweierlei Veranlassungen zu Täuschungen gedenken. Die erste derselben ist die Gegenwart der sogenannten *mouches volantes*, mit denen manche Personen behaftet sind, und welche sehr häufig eine Beobachtung stören. Diese sind im Allgemeinen runde Molecüle, welche entweder zusammengruppirt, oder zu verschieden gewundenen Perlschnüren aneinandergereiht, fortwährend vor dem Auge schweben. Da indessen die Figur, welche sich hierbei im Sehfelde zeigt, constant dieselbe ist, so ist es leicht, sie von der untersuchten Substanz und von den Staubkörnchen zu unterscheiden, welche vielleicht zufällig auf den Linsen sind, deren Lage man, wie erwähnt, durch Drehen des Oculars und Objectivs erkennen kann. Ein anderes sehr gewöhnliches mikroskopisches Phänomen ist die sogenannte Molecularbewegung, welche zuerst von Brown beschrieben wurde. Sie besteht darin, dass sehr kleine Theilchen, welche in einer dünnen Flüssigkeit suspendirt sind, eine constante spontane Bewegung zeigen, welche um so intensiver ist, je kleiner die Theilchen sind. Die Grösse der Körper, welche diese Bewegung zeigen, schwankt (um bekannte Gegenstände zum Vergleich zu wählen) zwischen derjenigen der Molecüle des schwarzen Augenpigmentes und derjenigen der menschlichen Blutkörperchen. Die Bewegung ist entweder zitternd oder kreisförmig, zuweilen auch unregelmässig, so dass ein Molecülchen sogar über einen grösseren oder kleineren Theil des Sehfeldes sich hinbewegen kann; sie ist mehr oscillatorisch, wenn die Theilchen länglich sind. Die Bewegung kann so stark sein, dass sie sogar auf grössere Körper Einfluss hat. Sie ist selbstständig und rührt nicht von Verdunstung her; denn die durch letztere hervorgebrachte Bewegung ist viel bedeutender, indem dabei die Theilchen ohne Unterschied durcheinander gestossen werden, und oft der Anschein einer kochenden Flüssigkeit entsteht. Die Molecularbewegung dagegen erscheint in gleichmässiger Stärke, selbst wenn man die Verdunstung verhütet, wenn man z. B. die molecülhaltige Flüssigkeit mit Oel umgiebt, oder in eine versiegelte Glasröhre einschliesst. Sie soll bei Erwärmung der Flüssigkeit stärker werden; aber Licht, Elektricität, Magnetismus und chemische Einflüsse wirken gar nicht auf sie. Sie geht jahrelang ununterbrochen in hermetisch abgeschlossenen Präparaten fort.

Wir haben oben unter den Hülfsapparaten des Mikroskops die Apparate zum Messen und Zeichnen der Objecte nur beiläufig erwähnt, und die genauere Erörterung ihrer Anwendung bis hierher verschoben. Wir wenden uns daher jetzt zur Erläuterung ihres Gebrauchs, an welche wir dann noch einige Bemerkungen über die Aufbewahrung mikroskopischer Präparate anreihen werden.

a. Von der Mikrometrie.

Um die Beschaffenheit eines Objectes zu bestimmen, muss man auch seine Grösse berücksichtigen. Im Allgemeinen bestimmt man die Grösse der mit blossem Auge sichtbaren Gegenstände durch Vergleichung mit einem bestimmten Maass nach Fuss, Zoll und deren Unterabtheilungen; für mikroskopische Objecte muss die Messscala ebenfalls mikroskopisch sein, und man hat daher besondere Apparate für solche Messungen erfunden. Die zur Messung mikroskopischer Grössen angewendeten Methoden begreift man unter dem Ausdruck: Mikrometrie; ausgeführt werden dieselben durch verschiedene Instrumente. Die Mikrometrie umfasst zugleich die Messung der beobachteten Objecte und die Bestimmung, wie viel Male sie vergrössert sind; beide Berechnungen stehen in innigem Zusammenhange mit einander.

In früheren Zeiten führte man die Messung mikroskopischer Objecte aus, indem man sie mit andern kleinen Gegenständen verglich, z. B. mit der Dicke eines Haares oder eines Spinnwebfadens, mit Lycopodiumstaub, oder den Sporen von *Lycoperdon Bovista*, oder mit Sandkörnern (Leeuwenhoek), von denen hundert auf einen Zoll gingen. Jurin gebrauchte Durchschnitte von kleinen Stücken Silberdrathes, von welchem eine gewisse Anzahl Windungen um eine Nadel einen Zoll betrug. Es leuchtet ein, dass diese Messungsmethoden weit entfernt waren, genaue Resultate zu geben.

Wollaston und Goring construirten zwei Mikrometer, welche nur theilweise bei dem einfachen Mikroskop gebraucht werden können; sie bestehen aus parallelen Dräthen oder

Haaren, welche hinter dem Object angebracht werden, so dass dieses während der Messung auf ihnen ruhend erscheint, und seine Grösse nach der im Voraus festgesetzten Länge und Abstand der Dräthe oder Haare bestimmt wird. Allein diese Mikrometer ebenso, wie Dolland's Wollmesser, welcher nur bei dem einfachen Mikroskop anwendbar ist, sind nicht mehr in Gebrauch bei dem zusammengesetzten Mikroskop. Dolland's Mikrometer besteht aus den beiden Hälften einer Linse, welche das Object einfach zeigt, wenn beide Hälften innig aneinander liegen, doppelt, wenn sie getrennt sind. Mit Hülfe einer Scala oder einer Mikrometerschraube kann man den Abstand der beiden Linsen messen, in welchem sie von einander entfernt sind, wenn ein Object doppelt erscheint, und bestimmt auf diese Weise dessen Breite.

Der sogenannte Spitzen-Mikrometer ist ebenfalls jetzt ausser Gebrauch. Er ist von Martin (1740) erfunden und besteht aus einem Ocular, in welches zwei Nadeln diametral gegenüber eingefügt sind. Um ein Object zu messen, schraubt man die Spitzen derselben so weit auseinander, bis sie die Ränder des Bildes berühren. Man misst dann den Abstand der Spitzen entweder mittelst eines Glasmikrometers, oder einer am äussern Ende der Nadeln angebrachten Mikrometerschraube. Sehr kleine Gegenstände können auf diese Weise gar nicht gemessen werden; grössere und opake Objecte können mit leidlicher Genauigkeit gemessen werden; das Instrument dient jetzt noch zum Woll-Messen.

Die Mikrometer, welche jetzt gebraucht werden, sind der Schraubenmikrometer und der Glasmikrometer.

Der Schraubenmikrometer.
(Siehe die folgende Abbildung.)

Die Idee zu einem Schraubenmikrometer, welchen zuerst Fraunhofer construirte, ist vom Spitzenmikrometer entnommen. Wie wir bereits erwähnt haben, besteht er im Grunde nur aus einem beweglichen Tisch. Er wird gebildet von einer Platte, welche fest auf den Objecttisch geschraubt wird; auf ihr liegt eine andere Platte, und kann durch eine sehr feine Schraube von einer Seite nach der anderen geschoben werden; eine gewisse Anzahl von Umdrehungen der Schraube ist erforderlich, um jene um $1/10$ Zoll weiter zu schieben; wir nehmen

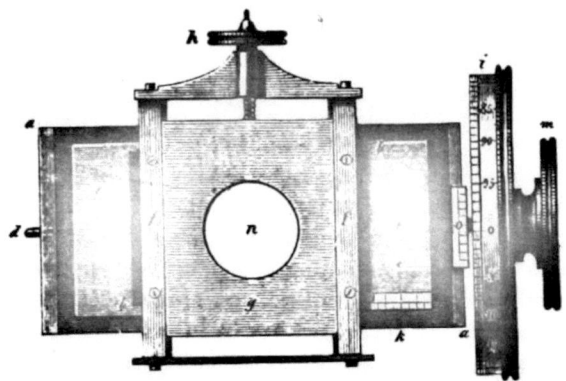

beispielsweise diese Zahl als 10 an. Drehen wir nun die Schraube zehn Mal herum, so bewegt sich die obere Platte $1/10$ Zoll von einer Seite zur andern. folglich $1/100$ Z. bei einer Umdrehung. Der Kopf der Schraube ist am Rand in hundert gleiche Theile getheilt, für jeden solchen Theil bewegt sich die obere Platte um $1/10000$ Zoll; da nun an dem Schraubenkopf ein Vernier anliegt (eine kleine getheilte Platte, von welcher zehn Theile gleich sind neun Theilen der Theilung des Schraubenkopfes), so kann man die Platte genau um $1/100000$ eines Zolles von einer Seite zur andern verschieben.*

Will man den Schraubenmikrometer gebrauchen, so muss man ein Ocular nehmen, über dessen Diaphragma ein feiner Spinnwebsfaden hinweggespannt ist. Statt dieses Fadens be-

---

* *Anm.* Ein näheres Verständniss des Mechanismus dieses Apparates giebt die Erläuterung obiger Figur. In dem kleinen viereckigen flachen Rahmen a a, welcher fest auf den Objecttisch geschraubt ist, wird ein messingener Schieber b b durch die Mikrometerschraube c von einer Seite zur andern verschoben; dass er sich nur in einer Richtung bewegen kann, bewirkt der Stift d, welcher die gegenüberliegende Seite des Rahmens a durchbohrt. Auf dem Messingschieber b b ist die grössere und dünnere Platte e e aufgeschraubt; auf dieser ruht wieder der Rahmen f f, in diesem ist die Platte g so angebracht, dass sie mit der Schraube h vor- und rückwärts geschoben werden kann. Diese verschiedenen auf einander befestigten Platten werden von einer Seite zur andern bewegt durch die Mikrometerschraube c, deren Kopf i in hundert gleiche Theile getheilt ist; die einzelnen Umdrehungen desselben werden mit Hülfe der Platte k gezählt; die Zahl der Theilstriche, um welche sich derselbe gedreht hat, durch Vergleichung mit dem Nullpunkt des Vernier l, von welchem 10 Theile gleich 9 Theilen des Schraubenkopfes sind. Der Kopf i ist locker, so dass vor der Messung sein Nullpunkt dem Nullpunkt des Nonius gegenübergestellt, und in dieser Lage durch die Schraube m festgestellt werden kann; n ist die Oeffnung für den Durchgang der Lichtstrahlen von unten. Eine Drehscheibe kann auf der Platte g befestigt werden.

dient man sich wohl auch eines Glasplättchens, auf welchem eine feine Linie mit einem Diamant eingeschnitten ist, welches man auf das Diaphragma auflegt; allein die feine Linie ist oft schwer zu erkennen, besonders bei heller Beleuchtung. Der Faden wird so gestellt, dass er einen rechten Winkel mit der Schraube des Mikrometers bildet, was man entweder durch Drehung des ganzen Oculars oder durch eine gesonderte Drehung des Diaphragma's im Ocular erreicht. Das Object wird auf die oberste Platte des Schraubenmikrometers über die Oeffnung gelegt, und der zu messende Theil so eingestellt, dass sein Bild gerade den Faden berührt. Dreht man nun die Schraube, so verändert die obere Platte zugleich mit dem Object ihre Stellung; man dreht so lange, bis sich das Bild des Objectes gerade an der andern Seite des Fadens befindet. Die Zahl der Umdrehungen zeigt dann den Durchmesser des Objectes an. Die Zahl der vollständigen Umdrehungen wird an einer besondern auf der oberen Platte angebrachten Scala k abgelesen, der Schraubenkopf i zeigt die Zahl der kleineren Theile der einzelnen Umdrehungen an. Ist z. B. eine ganze Umdrehung gemacht worden, und hat sich der Schraubenkopf ausserdem um 5 Theile der Scala gedreht, so beträgt die Breite des Objectes $0{,}01 + 0{,}0005$ Zoll. Die Berechnung würde äusserst einfach sein, wenn, wie wir hierbei voraussetzten, zehn Umdrehungen der Schraube genau eine Verschiebung von $1/10''$ bewirkten, leider ist dies aber in Wirklichkeit nicht der Fall. Denn erstens würde es schwerlich möglich sein, so feine Schrauben zu fertigen; und zweitens ist es ebenso praktisch unausführbar, wenn wir es mit $1/10000''$ zu thun haben, die Schraube so einzurichten, dass eine Umdrehung ganz genau eine runde Zahl beträgt. Es ist daher nothwendig, mit Hülfe eines Glasmikrometers bei jedem Instrument den Werth einer vollständigen Umdrehung zu berechnen, und danach die Unterabtheilungen zu bestimmen. Wir haben auf diese Weise Grössen mit sehr kleinen Bruchtheilen zu schätzen, welche die Berechnung äusserst schwierig machen. Gebraucht man daher den Schraubenmikrometer häufig, so ist es am besten, sich eine Tabelle von den Werthen eines und mehrerer Theilchen der Schraube zu fertigen, auf welcher man unmittelbar ablesen kann, wieviel eine bestimmte Anzahl von Umdrehungen und Theilen einer solchen beträgt. Die Berechnung wird dadurch noch verwickelt, dass es nicht immer möglich ist, die Messung vom Nullpunkt der Scala aus zu beginnen, da man ein Object nicht immer so einstellen kann, dass sein Bild gerade den Faden berührt; dies ist besonders der Fall, wenn man eine Anzahl von Objecten hintereinander misst. Dieser Uebelstand ist indessen durch die schon erwähnte Einrichtung beseitigt, dass der Schraubenkopf für sich beweglich ist, so dass man den Mittelpunkt beliebig einstellen und dann bei Beginn der Messung den Schraubenkopf mittelst einer besondern Schraube m feststellen kann. Um ferner ein Object dem Faden parallel stellen zu können, hat man eine Drehscheibe auf der oberen Platte g bei den meisten Schraubenmikrometern angebracht, und legt auf diese das Object; während dasselbe ferner noch durch Schrauben h, welche an dem Vorder- und Seitenrand der Platte angebracht sind, vor- und rückwärts und von einer Seite zur andern, wie auf einem beweglichen Tisch, verschoben werden kann. Alle diese Hülfsmittel sind erforderlich, um das Object in eine zur Messung geeignete Lage zu bringen, und auch dann ist die Messung zuweilen noch schwierig genug. Noch ist der Uebelstand mit dem Gebrauch des Schraubenmikrometers verbunden, dass man ihn an den Objecttisch entweder erst dann befestigt, wenn man eben messen will, oder dass er an ihm befestigt bleiben muss; in letzterem Falle aber wird man ihn immer als beweglichen Tisch benutzen, wodurch die Schraube leicht abgenutzt und somit die Präcision des Instrumentes zerstört wird.

Es giebt ausserdem noch eine Anzahl wichtiger Gründe, welche, abgesehen von der Kostspieligkeit des Apparates, sich seiner allgemeinen Anwendung entgegenstellen. Erstens hat die Schraube desselben ganz dieselben Mängel wie alle Schrauben, und selbst bei der grössten Sorgfalt, welche der Optiker auf ihre Verfertigung verwendet, können nicht alle diese Fehler gänzlich vermieden werden und nehmen natürlich mit der Abnutzung der Schraube zu. Es ist nöthig, die Schraube vor Anfang der Messung jedesmal einmal rund herumzudrehen, um sicher zu sein, dass sie in die Mutter eingreift, und der Beobachter muss immer in einer und derselben Richtung zu drehen suchen, z. B. von rechts nach links. War die Schraube von links nach rechts gedreht, um das Bild des Objectes auf die andere Seite des Fadens zurückzubringen, oder um die Messung zu wiederholen, so ist man nicht sicher, dass die Schraube richtig gegriffen hat. Bei viel gebrauchten Schraubenmikrometern sieht man zuweilen, dass die Platte nicht in demselben Moment sich bewegt, in welchem der Beobachter zu drehen beginnt. Schiek und Ploessl haben diesen Mangel zu beseitigen versucht durch Anbringung einer starken Spiralfeder, welche die obere Platte zurück- und die Schraube fest in den Rahmen drückt. Ferner können wir uns nicht darauf verlassen, dass alle die einzelnen Windungen der Schraube genau dieselbe Breite haben; die Erfahrung rechtfertigt dieses Misstrauen oft; es muss daher der Schraubenmikrometer vor dem Gebrauch an verschiedenen Stellen mit Hülfe eines sehr genauen Glasmikrometers geprüft werden. Ferner kann die Messung durch die Nachgiebigkeit des Stativs oder Objecttisches fehlerhaft werden, wenn zu starker Druck auf die Schraube angewendet wird, so dass eine Seitenbewegung entsteht, welche nicht von der Drehung der Schraube herrührt; dies wird besonders leicht der Fall sein, wenn der Objecttisch nicht vollkommen fest ist. Endlich macht es die Ablenkung der Strahlen oft sehr schwer, das Bild genau so zu stellen, dass es an dem Faden des Oculars zu Anfang und zu Ende der Messung anliegt. Je kleiner der Körper ist, desto grösser wird der Fehler sein, welcher durch die genannten Umstände veranlasst wird; die grösste Zahl derselben kommt, wie wir gesehen haben, auf Rechnung der mechanischen Unvollkommenheit des Instruments und nur der letzte, nämlich die Ablenkung der Strahlen, fällt der optischen Construction des Mikroskops zur Last. Wir werden sogleich sehen, dass der Glasmikrometer den Vorzug verdient, sowohl auf Grund der grösseren Genauigkeit der Messung, welche derselbe zulässt, als seiner bequemeren Anwendung wegen.

Der Glasmikrometer
(siehe die folgende Abbildung)

besteht aus einer Glasplatte, auf welche eine mikroskopische Scala eingravirt ist. Ein Millimeter, oder $1/10''$, wird gewöhnlich in hundert Theile getheilt, B, welche auf der Glasplatte mittels

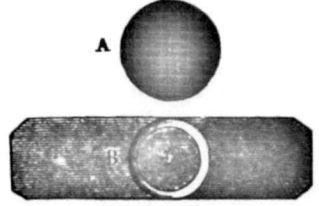

eines Diamantes, der zu diesem Zwecke in einer eignen Maschine befestigt ist, aufgezeichnet sind. Die Theilungen sind indessen manchmal gröber oder feiner. Die Theilstriche sind einander parallel, und jeder fünfte und zehnte Strich ist zur Erleichterung des Zählens länger ausgezogen. Andere Glasmikrometer, A, sind in Quadrate getheilt, allein diese Theilungsmethode ist nicht so gut, weil das Glas an den Kreuzungswinkeln der Theilstriche leicht ausspringt, und weil die grosse Zahl der Linien leicht irre macht; man gebraucht daher solche Mikrometer meist nur zur Messung grösserer Körper. Die getheilte Glasplatte ist von verschiedenen Grössen und kann in einen Messingring oder eine Platte gefasst sein, um sie vor Beschädigung zu sichern. Da die Stelle, auf welcher die Theilung eingegraben ist, meist mit blossem Auge nicht sichtbar ist, so ist es besser, sie mit einem gefärbten Ring zu umgeben, wodurch der Beobachter leichter in Stand gesetzt wird, sie unter dem Mikroskop zu finden.

Es giebt verschiedene Methoden der Anwendung des Glasmikrometers. Die einfachste ist, das Object darauf zu legen, und dann zu zählen, wie viel Theile der Scala es bedeckt. Diese Methode ist indessen wenig in Gebrauch. Denn erstens liegen das Object und die Theilung des Mikrometers nicht immer in derselben Ebene, und werden daher nicht gleichzeitig deutlich gesehen, da sie nicht gleichzeitig im Focus sein können; zweitens kann man das Object nicht immer in einer zur Messung geeigneten Lage auflegen, so dass eine annähernde Schätzung oft Alles ist, was erreicht werden kann; dasselbe ist der Fall bei Objecten, welche kleiner sind, als eine Abtheilung der Scala. Da man ferner nicht immer im Voraus wissen kann, ob es nöthig ist, ein Object überhaupt zu messen, so müsste man eigentlich den Glasmikrometer fortwährend statt einer gewöhnlichen Glasplatte gebrauchen, und immer sorgen, dass das Object gerade auf der Theilung liegt. Da indessen die Präparation des Objectes mit spitzen Nadeln und das häufige Putzen des Glases den Mikrometer rasch verderben, so wird nothwendig die Scala undeutlich. Opake Gegenstände können nie auf diese Weise gemessen werden, weil sie die Theilung bedecken. Man kann daher diese Methode höchstens zur Messung grösserer und durchsichtiger Objecte bei schwachen Vergrösserungen anwenden. Eine bessere Gebrauchsmethode des Glasmikrometers ist die, ihn im Ocular anzubringen. Man legt ihn auf das Diaphragma, mit der getheilten Scala nach der Collectivlinse zugekehrt, damit dieselbe genau im Focus des Ocularglases liegt. Ein zweiter Glasmikrometer, dessen Theilung vorher bekannt ist, wird auf den Objecttisch gelegt, und der Beobachter merkt sich, wie viel ein Theil des zweiten Mikrometers (welcher durch das Objectiv und Ocular vergrössert wird) im Vergleich zu den Theilen des im Ocular befindlichen, folglich nur durch die Ocularlinse vergrösserten Mikrometers beträgt. Man findet auf diese Weise ein gewisses Verhältniss zwischen beiden Mikrometern, und jeder Beobachter muss sich danach eine Tabelle für die Werthe der Theile seines im Ocular befindlichen Mikrometers entwerfen. Allein auf diese Weise erhält man oft schwierige Rechnungen; dazu kommt der Uebelstand, dass der Mikrometer jedesmal, wenn man eine Messung machen will, in das Ocular gelegt werden, oder der Beobachter ein besonderes Ocular besitzen muss, in welchem er befestigt ist, und welches man jedesmal bei seinem Gebrauch nehmen muss. Ferner ereignet es sich oft wie bei der vorhergehenden Methode, dass man die Grösse eines zu messenden Objectes, welches nicht genau den Raum zwischen zwei einzelnen Theilstrichen ausfüllt, nur annähernd schätzen muss; manchmal ist es schwierig, die Scala zu erkennen, wenn die Theilung sehr zart ist; grössere Dicke der Diamantlinien hindert oft, ein Object mit der nöthigen Genauigkeit zu messen, weil man nicht genau entscheiden kann, ob der Rand des Bildes von einem Strich genau bedeckt ist oder nicht. Wir haben indessen den Vortheil vor der früheren Methode, dass der Mikrometer nicht so fein getheilt zu sein braucht, und dass Fehler in der Theilung nicht von solcher Bedeutung sind, weil jeder Theil einen geringeren Werth hat, als wenn er durch Ocular und Objectiv vergrössert wird. Ferner können auch opakere Gegenstände gemessen werden, denn die Scala befindet sich vor dem Object, und es ist leichter, das Bild des Objects auf die Theilung einzustellen, weil das Ocular um seine Achse gedreht werden kann. Das Object muss im Centrum des Sehfeldes liegen.*

Am passendsten und leichtesten lässt sich der Glasmikrometer benutzen, wenn seine Theilung mit derjenigen eines der im gewöhnlichen Leben gebräuchlichen Maasse übereinstimmt. Hooke legte einen Maassstab auf den Tisch neben das Mikroskop, und betrachtete mit dem einen Auge das Object, während er mit dem andern beobachtete, wie viel Theile des Maasses dasselbe einnahm. Es ist indessen für die Augen schwierig, zwei besondere Objecte gleichzeitig zu betrachten, um dann mit Hülfe des Doppelsehens das Bild des einen mit dem des andern zusammen fallen zu lassen. Seitdem aber verschiedene Instrumente zum Zeichnen unter dem Mikroskop erfunden worden sind, welche wir bald genauer kennen lernen werden, ist diese Messmethode viel einfacher geworden. Man braucht sich nur eine vergrösserte Scala zu verschaffen, um das vergrösserte Object zu messen; dies geschieht, wenn man sich bei einer gegebenen Vergrösserung und einer bestimmten Sehweite einige Theile des Glasmikrometers, welche z. B. Hundertstel eines Zolles oder Millimeters darstellen, zeichnet.

Man zeichnet sich dann, wohlzumerken bei derselben Vergrösserung und derselben Sehweite, die Contour des Objectes, und misst sie mit einem Zirkel nach der auf dem Papier verzeichneten Scala nach allen Richtungen aus. Es ist hierbei völlig unwesentlich, die Stärke der angewendeten Vergrösserung zu kennen, welche immer in gewissen Gränzen für die Augen verschiedener Individuen verschieden ist; kurzsichtigen Personen erscheinen die Objecte weniger vergrössert, als Weitsichtigen. Aus demselben Grunde ist es aber andererseits nothwendig, dass ein Jeder sich selbst

---

* *Anm. d. Uebers.* Eine von Ed. Weber angegebene, sehr geistreich erdachte Mikrometerart ist kurz folgende. Auf dem ebenfalls in's Ocular zu legenden Glasplättchen ist mit Diamant ein Winkel von bestimmter Grösse eingeschliffen, und über dessen Oeffnung feine Parallelstriche in bestimmten möglichst kleinen Abständen hinweggelegt. Man schiebt das zu messende Object in den Winkel hinein, bis der zu messende Durchmesser gerade beide Schenkel berührt. Es leuchtet ein, dass man auf diese Weise Grössen genauer bestimmen und schätzen kann.

die Scala wie das Object zeichnen muss; dann kann, wie schon bemerkt, die Sehweite grösser oder geringer gemacht werden, wenn nur dieselbe Sehweite und dieselbe Verbindung von Ocular- und Objectivgläsern zum Zeichnen des Objectes und zum Zeichnen der Scala verwendet wird.

Ereignet es sich, dass der Gegenstand kleiner ist, als eine Abtheilung der gezeichneten Scala, so muss man die Scala auf dem Papier in so viel kleinere Unterabtheilungen theilen, als für gut befunden wird. Man kann auch einen Glasmikrometer mit feinerer Theilung anwenden, oder eine grössere Sehweite beim Zeichnen der Mikrometerabtheilungen an einer grösseren Scala nehmen, da es leichter ist, einen grösseren als einen kleineren Theil weiter zu theilen, ferner leichter, das Object zu messen, wenn es nach einem grösseren Maassstab, bei vergrösserter Sehweite gezeichnet wird. Man muss sich indessen hüten, es mit dieser Methode nicht zu weit zu treiben, da die Schärfe der Umrisse des Objectes leicht verloren geht, wenn man die Sehweite unverhältnissmässig gross macht. Man kann auch den Maassstab im Voraus festsetzen und dann die Sehweite suchen, bei welcher er mit der Theilung des Glasmikrometers übereinstimmt; dies thut man z. B., wenn man sich desselben Maassstabes, welcher von einem Andern angenommen worden ist, bedienen will. Obwohl aber, wie wir bereits bemerkten, im Allgemeinen die Grösse der Sehweite unwesentlich ist, wenn man nur eine und dieselbe zum Zeichnen des Objectes anwendet, so ist es doch aus anderen Gründen besser, überall und immer eine bestimmte Sehweite zu benutzen, und wir haben deshalb bereits oben eine bestimmte Sehweite von 0,25 Meter angenommen. Man muss sich daher in dieser Entfernung Scalen für jede besondere Combination von Ocularen und Objectiven des Mikroskopes zeichnen, und bei derselben Entfernung auch das Object zeichnen. Befolgt man diese Methode, so ist nichts weiter nöthig, als das Object mit dem Zirkel auszumessen, und dies kann in allen möglichen Richtungen geschehen, ohne dass irgend eine Confusion durch die Lage des Objects entsteht; auch braucht man hierbei keine Berechnung anzustellen, wie bei den obigen Methoden, welchen die in Rede stehende bei Weitem vorzuziehen ist. Sie ist genau in derselben Weise bei dem einfachen, dem Sonnen- und dem Oxyhydrogen-Mikroskop anwendbar. Es ist aus dem Gesagten leicht zu entnehmen, dass man mit irgend einer der beschriebenen Methoden die Grösse des Sehfeldes messen kann, entweder mit einem auf dem Objecttisch angebrachten Glas- oder Schraubenmikrometer, oder indem man das ganze Sehfeld abzeichnet.

Eine Vorsichtsmaassregel muss bei dem beschriebenen Verfahren mit grösster Sorgfalt beobachtet werden. Die Nothwendigkeit, einen Glasmikrometer zu gebrauchen, welcher mit der allergrössten Genauigkeit getheilt ist, leuchtet ein; eben solche Genauigkeit ist, wie wir sehen werden, erforderlich, wenn man nach demselben Verfahren eine Mikrometertheilung oder irgend ein Object von bekannten Dimensionen zeichnet, um danach den Grad der Vergrösserung zu bestimmen. Ist z. B. der Glasmikrometer mit Hülfe einer feinen Schraube getheilt, von deren Unvollkommenheiten bereits die Rede war, so kann man mit Recht den Einwand erheben, dass alle Mängel der Schraube auch auf das Glas übertragen sind; und man findet in der That, dass nicht allein Glasmikrometer, welche von verschiedenen Mechanikern gearbeitet sind, nicht mit einander übereinstimmen, sondern dass sogar die einzelnen Theile eines und desselben Glasmikrometers nicht genau von gleicher Grösse sind, wenn man sie auf Papier übertragen hat, welches die einzige sichere Methode sie zu prüfen ist. Der Grund davon liegt theils in der Unvollkommenheit der Arbeit, theils aber in dem Umstand, dass gleiche Abtheilungen der Scala beim Zeichnen nicht genau auf dieselbe Stelle des Sehfeldes gelegt werden. Die sphärische Aberration wird auf keine andere Weise so merkbar, als wenn man eine und dieselbe Abtheilung des Mikrometers einmal nach dem Bild, welches der Rand des Sehfeldes giebt, ein anderes Mal nach dem Bild, welches dessen Centrum giebt, zeichnet. Dazu kommt noch, dass nothwendig auch von dem bei der Messung verwendeten Auge ein Einfluss ausgeübt wird, wenn die Sehweite beider Augen desselben Individuums nicht gleich gross ist.

Der Einfluss der sphärischen Aberration kann vermindert werden, wenn man das Sehfeld, durch Einlegung eines Diaphragma's mit sehr enger Oeffnung in das Ocular, während der Messung beschränkt. Dies ist besonders anzuwenden beim

Messen der Vergrösserungen des Mikroskops, wovon wir sogleich handeln werden. Weniger nöthig ist diese Vorsichtsmaassregel beim Zeichnen und Messen grösserer Körper; immer aber muss man den Rand des Sehfeldes so wenig als möglich benutzen; eine Bemerkung, welche ebensowohl für die Beobachtung, als ganz besonders für die Messung gilt.

Um also diesen Fehler mit Sicherheit zu eliminiren, muss jeder Beobachter zuvörderst die Genauigkeit seines Mikrometers prüfen, indem er jede einzelne Abtheilung desselben (oder fünf auf einmal) auf das Papier zeichnet, und zwar nur unter Benutzung des genau im Centrum des Sehfeldes befindlichen Bildes, worauf er ihre relative Genauigkeit untersuchen kann; zweitens muss Jeder bei der Abbildung eines Objectes stets den Maassstab, nach welchem er es gemessen hat, beifügen, damit noch Andere im Stande sind, die Messungen zu prüfen. Dabei ist es dann unnöthig, die Vergrösserung oder die Sehweite anzugeben.[*]

---

[*] *Anm. d. Verf.* Um das Obige durch ein Beispiel zu erläutern, will ich mein eigenes Verfahren schildern. Ich benutze bei meinen Untersuchungen ein Mikroskop von CHARLES CHEVALIER in Paris mit einem Glasmikrometer, welcher aus einem in 100 Theile getheilten Millimeter besteht. Bei der Bestimmung der Vergrösserung einer bestimmten Combination von einem Ocular und Objectiv fand ich, als ich die Genauigkeit der Theilung bei einer constanten Sehweite von 250 Millimeter prüfte, folgende Werthe für je fünf Abtheilungen, oder für 0,05 Mm, wie ich sie genau in das Centrum des Sehfeldes brachte:

Zahl der Theile zu je 0,05 Mm.	Scheinbare Grösse.	Summe.	Vergrösserung.
3 entsprechend je	18 Mm	= 54 Mm giebt:	360 Durchmesser.
1 ·	$17^3/_4$ -	= $17^3/_4$ -	· 355 ·
2 -	$17^1/_4$ -	= $34^1/_2$ -	· 345 ·
7 -	17 -	= 119 -	· 340 ·
2 -	$16^3/_4$ -	= $33^1/_2$ -	· 335 ·
2 ·	$16^1/_2$ -	= 33 -	· 330 ·
1 ·	$16^1/_4$ -	= $16^1/_4$ -	· 325 ·
1 ·	16 -	= 16 -	· 320 ·
1 ·	$15^1/_2$ -	= $15^1/_2$ -	· 310 ·
20 Theile oder	1 Millimeter	= $339^1/_2$ Mm vergrössert,	

oder in runden Zahlen, das Mikroskop vergrössert 1 Millimeter zu 340 Mm, also 340 Mal. Es geht aus den Zahlen hervor, dass der Glasmikrometer nicht völlig genau getheilt war, dass es daher nöthig war, die Theilung zu prüfen. Da die Summe von sämmtlichen Abtheilungen in der Vergrösserung 340 betrug, und da die Mehrzahl der Unterabtheilungen derselben Zahl entspricht, so nehme ich

Als Zusatz zum Mikrometer noch einige Worte über den Goniometer, dessen erste Erfindung von RASPAIL herrührt.

eine 340fache Vergrösserung als richtig an. Diese Vergrösserung und einen darnach construirten Maassstab habe ich bei den meisten meiner Untersuchungen benutzt. Obwohl kein zu grosser Unterschied zwischen einer Vergrösserung von 360 und 310 Mal ist, welches die beiden von dem Glasmikrometer gelieferten Extreme sind, so ist es doch nichtsdestoweniger nothwendig, ein für alle Mal die Vergrösserung genau für eine constante Sehweite zu bestimmen. Hätte ich denselben Versuch mit stärkeren Linsen angestellt, so würde die Differenz natürlich grösser erschienen sein.

Um den Grad der sphärischen Aberration obiger Combination zu berechnen, wähle ich die Unterabtheilung $15^1/_2$ (die letzte an dem einen Ende meines Mikrometers) und messe den Betrag ihrer Vergrösserung, wenn ich sie zuerst in das Centrum und dann an den Rand des Sehfeldes lege. Ich fand die Vergrösserung im Centrum des Sehfeldes = 310 und an den Rändern 315. Das letztere Resultat wurde durch 12 Messungen erhalten; ich drehte das Ocular drei Mal ein Viertheil um seine Achse, ohne das Objectiv zu berühren, und stellte jedesmal drei Messungen am Rande des Sehfeldes an. Wir sehen hieraus, wie wichtig es ist, die Vergrösserung nach dem Bild aus der Mitte des Sehfeldes zu berechnen; diese Vorsicht ist weniger nöthig beim Zeichnen der Objecte; allein wenn man zumal mit einem Instrument von geringerer Güte arbeitet, muss man immer so viel als möglich die Mitte des Sehfeldes benutzen. Niemand wird den Betrag der Aberration bei meinem Mikroskop, welches von einem ausgezeichneten Künstler gefertigt ist, als im Allgemeinen beträchtlich erklären.

Die Berechnung, bei welcher ich die Vergrösserung der erwähnten Combination $= 339^1/_2$ malig fand, ist das Ergebniss verschiedener Messungen, welche ich am 2. November 1842 mit meinem rechten Auge bei einer Sehweite von 250 Mm. anstellte. Die Zahl der Messungen habe ich nicht angemerkt. Ich war begierig, darüber Gewissheit zu erhalten, ob die Sehkraft dieses Auges trotz vier- oder fünfjährigen täglichen Gebrauchs beim Mikroskopiren unverändert geblieben war oder nicht. Wäre nämlich mein Auge kurzsichtig geworden, wäre ich daher genöthigt gewesen, den Abstand zwischen Objectiv und Glasmikrometer zu ändern, um dieselbe Sehweite zu erhalten, so würde mir obige Combination weniger stark vergrössernd erschienen sein, weil einer kurzsichtigen Person eine gegebene Grösse hätte kleiner erscheinen müssen. Ich stellte daher am 21. und 22. November 1847 vier Messungen mit demselben Mikrometer, demselben Auge, derselben Sehweite an und fand im Mittel (339, $338^1/_2$, $337^1/_2$, $337^1/_2$) die Vergrösserung $= 338^1/_8$. Die Differenz betrug daher nur $1^3/_8$, mit anderen Worten: mein rechtes Auge war während dieser Zeit nur um $^{41}/_{10000} = ^1/_{244}$ kurzsichtiger geworden. Das war nicht allein für mich befriedigend, sondern kann auch alle diejenigen Personen beruhigen, welche fürchten, dass das Mikroskopiren für das Auge nachtheilig sei. Herr EHRENBERG in Berlin theilte mir ebenfalls vor 8 Jahren mit, dass sein Sehvermögen sich nicht geändert hätte; es giebt aber wohl schwerlich einen Mann, der mehr mit dem Mikroskop gearbeitet hätte. Man könnte gegen den angeführten Versuch einwenden, dass die Temperatur in beiden Fällen nicht genau dieselbe und folglich auch die Ausdehnung

Er dient zur Messung der Winkel mikroskopischer Krystalle, und besteht aus einem Ocular, auf dessen Diaphragma im Focus des Objectivs eine Glasplatte angebracht ist, auf welcher mit einem Diamant eine feine Linie eingegraben ist. Parallel mit dieser wird eine Fläche des Krystalls gelegt und der Winkel des Krystalls mit Hülfe einer zweiten Glasplatte bestimmt, auf welcher ebenfalls eine feine Linie sich befindet, welche aber rund herum gedreht werden kann, indem sie an einer in 360° getheilten beweglichen Scheibe befestigt ist. Die Linien auf den zwei Glasplatten sind so gestellt, dass sie einander im Centrum des Sehfeldes kreuzen und an der Kreuzungsstelle das Bild des zu messenden Winkels aufnehmen. Die Grösse des Winkels wird durch die Scheibe angezeigt. Die graduirte Scheibe mit der zugehörigen Platte kann auch am Objecttisch (BRUNNER) angebracht werden, wobei die Art der Messung dieselbe bleibt. Dieses Instrument ist ziemlich überflüssig, wenn man den Krystall mit einer *camera lucida* zeichnen kann, wobei die Winkel projicirt und auf dem Papier auf gewöhnliche Weise gemessen werden.*

---

des Glases eine andere war. Die Temperatur des Zimmers wird indessen schwerlich wesentlich verschieden in diesen beiden Jahreszeiten gewesen sein. Ich erwärmte ferner den Objecttisch mit dem Glasmikrometer auf 40—50° C. und maass den Glasmikrometer bei dieser Temperatur; die Vergrösserung, auf dieselbe Weise berechnet, betrug = $338\frac{1}{2}$, also nahezu gleich der bei der gewöhnlichen Zimmertemperatur ausgeführten Berechnung. Der Ausdehnungscoefficient des Glases bei einer Temperaturerhöhung von 0° auf 100° C beträgt überdies nach DULONG und PETIT nur 0,00086133. Ich muss hinzufügen, dass die letzte Messung nur einmal gemacht war.

* *Anm. d. Uebers.* Einfacher und zweckmässiger ist der von C. SCHMIDT angegebene Goniometer, welchen der Uebers. bei seinen Messungen angewendet hat, und welcher eine ausserordentliche Genauigkeit der Messungen gestattet. Ueber das Diaphragma des Oculars sind zwei Spinnewebfäden, welche sich genau im Centrum des Sehfeldes unter rechtem Winkel kreuzen, hinweggespannt. An dem obern Ende der Mikroskopröhre ist eine feingetheilte (in 360°) Scheibe befestigt. Der zu messende Winkel wird in einen der Kreuzungswinkel der Fäden genau so eingestellt, dass beide Winkelspitzen sich decken und einer der vom Fadenwinkel ausgehenden Fadenschenkel einen Schenkel des zu messenden Winkels deckt. Nun dreht man das Ocular, welches freilich absolut genau centrirt sein muss, so lange herum, bis derselbe Spinnwebfaden genau den anderen Schenkel des zu messenden Winkels deckt. Ein am Ocular angebrachtes Zeichen mit Vernier und Loupe dient zum genauen Ablesen der Grösse der Drehung, folglich der Grösse des Winkels, an der getheilten Scheibe.

Obgleich die Angabe der Sehweite unwesentlich ist, wenn man ein Object mit der *camera lucida* misst, so ist sie doch von der grössten Wichtigkeit, wenn man die Vergrösserungskraft des Mikroskopes messen will. Dies leuchtet ein, da man ja, wie wir sahen, die Vergrösserung einer Linse erhält, wenn man die Sehweite durch die Focaldistanz dividirt, da folglich die Grösse des Quotienten ebensowohl von der Krümmung der Linse und dem Material, aus welchem sie besteht, als von der angenommenen Sehweite abhängt. Nimmt man daher eine grössere Sehweite an als 0,25 M., welche wir bisher angenommen haben, z. B. also 12 Zoll, so wird die Vergrösserung bedeutender ausfallen, und umgekehrt geringer, wenn man eine kürzere Sehweite annimmt.

Um die Vergrösserungskraft eines zusammengesetzten Mikroskopes zu bestimmen, muss man die Grösse eines bekannten Objects, z. B. eines Glasmikrometers, mit einem gewöhnlichen Maassstab vergleichen; dies kann man erreichen, indem man mit dem einen Auge in das Mikroskop sieht und mit dem andern beobachtet, wie viel Theile des Maassstabes von dem Object eingenommen werden. Passender aber ist es, mit Hülfe der *camera lucida* einige Abtheilungen eines Glasmikrometers bei 0,25 M. Sehweite auf Papier zu zeichnen, und dann zu messen, wie viel so ein Theil an einem gewöhnlichen Maassstab beträgt. Zeichnet man z. B. 5 Abtheilungen eines Millimeters, welcher auf einer Glasplatte in 100 Theile getheilt ist, auf das Papier, und findet, dass die gezeichnete Scala = 17 Millimeter beträgt, so giebt dies eine Vergrösserung = 340 Mal im Durchmesser, nämlich:

$$0{,}05 \text{ Mm} : 17 \text{ Mm} = 1 : x; \quad x = \frac{17 \text{ Mm}}{0{,}05 \text{ Mm}} = 340 \text{ Mm}.$$

Gewöhnlich benutzt man einen Glasmikrometer zur Vergleichung mit dem Maassstab, natürlich aber unter den oben erwähnten Vorsichtsmaassregeln; kennen wir aber genau die Grösse irgend eines anderen Objectes, so können wir ebensogut dieses verwenden und die Vergrösserung bestimmen; indem wir die Dimensionen des im Mikroskop gesehenen und auf Papier bei der festgesetzten Sehweite gezeichneten Bildes des Objectes durch dessen wirkliche Grösse dividiren. So kann man für schwache Vergrösserungen einen gewöhnlichen Maassstab nehmen und einen Theil desselben mit der *camera lucida* zeichnen. Da die Sehweite so beträchtlich verschieden ist bei verschiedenen Individuen, und doch einen Punkt von so grosser Wichtigkeit für die Berechnung der Vergrösserung des Mikroskops ausmacht, so bedarf es keines Beweises für die Nothwendigkeit, dass Jeder für sein eigenes Auge die Vergrösserungen seines Mikroskopes sich berechnen muss.

Man kann die Vergrösserung des Mikroskopes auch finden, wenn man einen Glasmikrometer auf das Diaphragma des Oculars legt, und einen zweiten Glasmikrometer als Object nimmt, und sieht, wie viel Theile des ersteren auf letzteren gehen. Allein hierbei müssen wir ebenso, als wenn wir dieselbe Methode zur Messung eines Objects benutzen, die Dimensionen eines der Mikrometer, oder mit anderen Worten die Vergrösserung der Ocularlinse oder des Objectivs + Collectivglas kennen; das Produkt der Vergrösserungskraft beider giebt uns die des ganzen Mikroskops. Wenn z. B. 0,01 Mm oder ein Theil des unter dem Objectivglas befindlichen Mikrometers = 0,3 Mm, oder 30 Theilen des Glasmikrometers im Ocular gleich ist, die Vergrösserung der Objectivlinsen + Collectivglas also 30 Mal beträgt, so wird diese Vergrösserung mit der der Ocularlinse multiplicirt, um diejenige des ganzen Mikroskops zu erhalten.

Will man die Stärke einer einfachen Linse, z. B. einer Ocularlinse, bestimmen, so bringt man einen Glasmikrometer in ihren Focus und misst die Stärke ihrer Vergrösserung bei einer Sehweite von 0,25 Mm mit der *camera lucida* auf die beschriebene Weise. Wir können dieselbe noch bestimmen durch Division der Sehweite durch die bekannte Focaldistanz, oder richtiger nach der Formel:

$$x = \frac{f}{p} + 1^*$$

Bei Linsen mit grosser Focaldistanz findet man die Vergrösserung, wenn man von einem Gegenstand durch dieselbe ein deutliches Bild auf einer Wand bilden lässt, und dann den Abstand

---

[*] f bedeutet die Sehweite, p die Focaldistanz der Linse und x die gesuchte Vergrösserung.

des Bildes wie des Objects von der Linse misst, diese Abstände mit einander multiplicirt und das Produkt durch die Summe der Abstände dividirt. Oder man vereinigt die directen (parallelen) Sonnenstrahlen in einem Punkt hinter der Linse und misst dann den Abstand des Sonnenbildes von der Linse. Linsen von kurzer Focaldistanz können indessen auf diese Weise nicht genau gemessen werden; in diesem Fall bedient man sich entweder eines besonderen Apparates, oder vergleicht die Linsen mit andern, deren Vergrösserungskraft und Focaldistanz bekannt sind, indem man sie als Objectivgläser eines Mikroskops gebraucht, von dessen Ocular die Vergrösserung bekannt ist. Kennen wir die Vergrösserung einer Linse, so kann daraus umgedreht ihre Focaldistanz berechnet werden. Wenn z. B. eine Linse 11 Mal vergrössert, $= \dfrac{f}{p} + 1$, so finden wir p = 0,025 M., wenn die Sehweite f = 0,25 M. ist. Hier haben wir den evidenten Beweis für die Wichtigkeit der Bestimmung der Sehweite bei Angaben von Vergrösserungen.

Wenn wir von mikroskopischen Vergrösserungen sprechen, so beziehen wir uns stets auf lineare Messung; die Flächenvergrösserung erhält man, wenn man die Zahl der Durchmesser zum Quadrat erhebt: so ist ein 1000 Mal vergrösserter Körper in der Fläche $1000 \times 1000 = 1,000,000$ fach vergrössert.

Ein grosser Mangel an Uebereinstimmung herrscht in Betreff der bei der Mikrometrie benutzten Maasse und der Art ihrer Angabe. Jede Nation benutzt das im gewöhnlichen Leben gebräuchliche Maass; der Franzose berechnet mikroskopische Grössen nach Millimetern, der Engländer nach englischen Zollen, der Oestreicher nach Wiener Linien u. s. w. Die Schuld davon liegt zum Theil an dem Instrumentenmacher, welcher die Mikrometer nach dem besonderen Landesmaasse einrichtet, und folglich den Beobachter zum Gebrauch desselben zwingt. Neben diesem Uebereinstimmungsmangel entsteht noch ein zweiter dadurch, dass der eine nach dem Decimalsystem, der andere nach dem Duodecimalsystem rechnet, und die, welche nach letzterem rechnen, die Grössen in Brüchen ausdrücken, deren Zähler bald 1, bald eine beliebige Zahl ist. Daher kommt es, dass wir sehr mannigfache Zahlenausdrücke finden, welche dieselbe Grösse bezeichnen, ohne dass wir im Stande sind, auf den ersten Blick ihre Identität zu erkennen. Es ist leichter für das Auge, Decimalgrössen zu vergleichen, welche auch für die Berechnung geeigneter sind; aber so lange als die „Metereintheilung" nicht im gewöhnlichen Leben allgemeiner eingeführt ist, werden sich Brüche mit dem Zähler 1 und drei, höchstens vier Zahlen im Zähler leichter dem Gedächtniss einprägen, da sie mehr der Art und Weise, wie wir im gewöhnlichen Leben Grössen bezeichnen, gleichlauten. Die grössere Geltung und Verbreitung, welche hoffentlich das Decimalsystem künftig erlangt, wird zu grösserer Leichtigkeit im Ausdrücken und Behalten mikroskopischer Decimalgrössen führen, jetzt aber möchte ich es kaum wagen, die allgemeine Annahme der Metereintheilung bei der Mikrometrie vorzuschlagen.

Um die Reduction mikroskopischer Grössen aus einem Landesmaass auf ein anderes zu erleichtern, habe ich eine Tabelle entworfen *(Tableau micrométrique pour servir à la comparaison et à la reduction des diverses mesures, qui sont employées dans la micrométrie microscopique, 1842)*, in welcher in 5 Columnen Millimeter, Pariser, Wiener, Rheinische Linien und Englische Zoll auf einander berechnet sind. Die Hauptzahlen sind in folgender Tabelle enthalten; die Zahlen in gleicher horizontaler Reihe sind gleichbedeutend:

Millimeter.	Pariser Lin.	Wiener Lin.	Rhein. Lin.	Engl. Zoll.
1	0,443296	0,455550	0,458813	0,0393708
2,255829	1	1,027643	1,035003	0,0888138
2,195149	0,973101	1	1,0071625	0,0864248
2,179538	0,966181	0,992888	1	0,0858101
25,39954	11,25952	11,57076	11,65364	1

Wir haben schliesslich nur noch hinzuzufügen, dass, insofern die Messung eines Objectes als Theil der Beobachtung zu betrachten ist, dieselbe im Allgemeinen mit Befolgung der oben angeführten Regeln ausgeführt werden muss. Um die Grösse von Elementartheilchen, welche in beträchtlichen Gränzen schwankt, zu schätzen, muss man eine Reihe von Messungen anstellen, und das Mittel daraus ziehen, oder das Maximum und Minimum und die Mittelzahl angeben, welche der mittleren am häufigsten vorkommenden Grösse entspricht. Wir können keine ausführlichen Vorschriften über die Zahl der bei Grössenbestimmungen gegebener Objecte anzustellenden Messungen geben, ebensowenig als wir die Zahl der Beobachtungen, welche bei der Untersuchung eines Objects im Allgemeinen erforderlich sind, vorschreiben können; ein rein statistisches Verfahren würde hierbei wenig Nutzen bringen.

b. Von dem Zeichnen der Objecte.

Wer im Stande ist, die untersuchten Gegenstände zu zeichnen, hat nicht allein den Vortheil, dass er die Beobachtung mit besserem Verständniss als Andere macht, sondern wird auch, mehr als dies sonst der Fall sein würde, genöthigt, die Untersuchung mit grösserer Genauigkeit anzustellen, da die Zeichnung sowohl die Beobachtung als die Deutung des Gesehenen controlirt. Der Mikroskopiker thut daher am besten, sich selbst seine Objecte zu zeichnen; ein Fremder wird nicht immer das in die Zeichnung legen können, was er gerade dadurch ausgedrückt haben will, und zwar ebensowohl in Betreff der Umrisse, als der Ausführung der Zeichnung, wenn der Beobachter vielleicht die eine oder die andere besondere Schattirungsmethode angewendet wissen will. Soll gleichzeitig noch die Messung des Objects mit Hülfe der Zeichnung angestellt werden, so ist es wegen der verschiedenen Sehweiten unerlässlich, dass der Beobachter selbst wenigstens die Contouren des Objects zeichnet. Da verschiedene Gattungen von Apparaten erfunden worden sind, mit welchen selbst der Anfänger leicht und schnell die Contour eines Objects nachzeichnen kann, so darf dies um so weniger vernachlässigt werden. Die Ausführung der Zeichnung kann dann ohne bestimmte Regeln gemacht, und daher viel leichter einem Fremden überlassen werden. Am besten wird die Zeichnung in Farben mit einem Kameelhaarpinsel ausgeführt, denn der Bleistift kann die Einzelheiten nicht mit der erforderlichen Bestimmtheit und Haltbarkeit darstellen.

Eine mikroskopische Zeichnung soll die Beschreibung eines Objects verdeutlichen, und zu gleicher Zeit so ausgeführt sein, dass Andere, welche die Beobachtung zu wiederholen wünschen, dadurch angeleitet werden, den Gegenstand in derselben Weise zu beobachten. Die darüber gegebenen allgemeinen Regeln sind daher nicht ausreichend; wir müssen auch eine passende

Auswahl unter den darzustellenden Objecten treffen, nicht die zierlichsten und seltensten Formen dazu aufsuchen, die Zeichnung nicht mit unwesentlichen Einzelheiten überladen, oder mehr hineinbringen, als sich vernünftiger Weise erwarten lässt, dass Andere auch sehen können; mit anderen Worten die Zeichnung soll ein treues Abbild der Natur sein.

Betrachten wir durch ein vertical stehendes Mikroskop ein Object mit dem linken Auge, legen auf den Tisch neben das Mikroskop ein Blatt Papier und betrachten dies mit dem rechten Auge, so können wir mittels „Doppelsehens" das Bild des Objects auf das Papier bringen und in dieser Weise zeichnen, indem wir einfach seinen Contouren nachgehen. Allein diese Methode, welche, wie wir bereits erwähnten, von Hooke bei der Messung der Objecte angewendet wurde, ist ermüdend für das Auge. Bauer bediente sich einer ähnlichen Methode; er brachte einen in Quadrate getheilten Mikrometer im Ocular an, und zeichnete das Object auf ein Stück Papier, auf welchem gleich grosse Quadrate gezeichnet waren; jeder Theil des Bildes, welcher im Mikroskop in einem bestimmten Quadrat des Mikrometers erschien, wurde in das entsprechende Quadrat des Papiers eingetragen.

Gegenwärtig benutzt man verschiedene Instrumente für das Zeichnen der Objecte. Alle beruhen auf derselben Idee, nämlich einer gleichzeitigen Spiegelung des Objectes oder seines Bildes und des Papiers in der Weise, dass mit Hülfe des Spiegels das Object oder sein Bild auf dem Papier zu liegen scheint. Da es bequemer ist, auf horizontal liegendem Papier wie auf senkrecht gestelltem zu zeichnen, gebraucht man das Mikroskop dabei meist in horizontaler Lage. Je entfernter das Papier vom Ocular, desto grösser wird das Object erscheinen, da sein Bild auf dem Papier zu ruhen scheint und demnach seine Grösse von der Entfernung der Oberfläche, auf welcher es aufgefangen wird, abhängt. Es ist daher auch hierbei nothwendig, das Object bei einer bestimmten Sehweite von 0,25 M. zu zeichnen, und den Maassstab, nach welchem das Object gemessen wird, daneben anzubringen. In Bezug auf die Wahl der beim Zeichnen anzuwendenden Vergrösserung verweisen wir auf das pag. 68 Bemerkte.

Unter den verschiedenen Formen von Apparaten, welche wir

auf den folgenden Seiten dieses Werkchens herzuzählen gedenken, sind die gebräuchlichsten: Soemmering's Spiegel und Amici's durchbohrter Spiegel *(camera lucida)*. Sie können mit einigen nöthigen Abänderungen beim einfachen Mikroskop angewendet werden.

Soemmering's Spiegel besteht aus einer runden oder ovalen, polirten Stahlplatte von $\frac{1}{10}$ bis $\frac{1}{3}$ Zoll im Durchmesser, befestigt an einem kleinen Stäbchen, welches an dem Ocular vor- und rückwärts bewegt werden kann. Beim Gebrauch des Spiegels kann man ihn auf zweierlei Weise stellen, entweder so, dass das Bild des Gegenstands reflectirt wird, während man das Papier direct betrachtet, oder so, dass das Papier gespiegelt wird, während das Bild des Objectes direct gesehen wird. In ersterem Falle wird die Oberfläche des Spiegels (bei horizontaler Lage des Mikroskops) schief nach oben in einem Winkel von ungefähr 45° gegen die Ocularlinse gerichtet; sehen wir herab, so sehen wir das Bild des Gegenstandes im Spiegel, aber wir sehen auch das Papier, welches darunter liegt, und wenn wir gleichzeitig durch den Spiegel sehen, so wird das Bild des Gegenstandes auf dem Papier zu ruhen scheinen, und wir können seinen Umrissen mit dem Bleistift folgen. In letzterem Fall dagegen wird die Oberfläche des Spiegels schräg nach unten gegen das Papier gerichtet, und so wird, während man zugleich das Bild des Objectes im Mikroskop sieht, das Papier gespie-

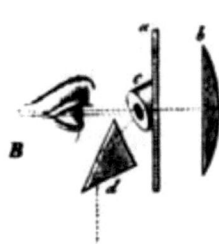

gelt. Da in jedem Falle die Deutlichkeit des Bildes des Objectes mehr werth ist, als die Deutlichkeit des Papiers und der zeichnenden Hand, so ist letztere Stellung des Spiegels vorzuziehen.

Einige Uebung ist zum richtigen Gebrauch des Soemmering'schen Spiegels erforderlich, besonders weil das Bild verkehrt ist, so dass die Hand in entgegengesetzter Richtung zu der des Bildes sich bewegen muss. Dies ist nicht der Fall bei Amici's durchbohrtem Spiegel, welcher in beifolgender Figur in A von vorn, in B von der Seite zu sehen ist. Derselbe besteht aus einer kleinen, runden, polirten Stahlplatte c mit einer kreisförmigen Oeffnung von ungefähr $1/10$ Zoll im Durchmesser; dieser kleine Spiegel ruht auf einer beweglichen mit dem Ocular b verbundenen Platte a, und ist schief nach unten gegen das Papier gerichtet. Um die oben erwähnte Umkehrung zu eliminiren, ist dicht unter dem Spiegel ein Prisma d angebracht. Hierbei wird auf ganz analoge Weise das Bild des Objects direct durch die Oeffnung des Spiegels, welche sich der Mitte der Ocularlinse gegenüber befindet, gesehen, während das Papier und die Hand gespiegelt werden. Will man diesen Spiegel bei einem vertical stehenden Mikroskop benutzen, so muss man entweder auf einer verticalen Fläche zeichnen oder ein Prisma anbringen, welches das horizontal liegende Papier spiegelt.

Statt des Soemmering'schen Spiegels kann man auch ein sehr kleines Prisma gebrauchen, so wie es Oberhaeuser bei seinem Mikroskop anbringt. Dessen *camera lucida* wird ebenfalls bei horizontaler Lage des Mikroskops angewendet; sie besteht aus einem knieförmig gebogenen Ocular, in dessen Knie ein Prisma angebracht ist. Am Ende des horizontalen Armes ist ein horizontaler Balken mit einem Ring angebracht, unter dem Ring befindet sich das kleine Prisma. Der Beobachter, welcher senkrecht nach unten sieht, erblickt das Papier durch den Ring und gleichzeitig das von dem Prisma gespiegelte Bild des Objects. Amici's durchbohrter Spiegel ist dieser *camera lucida* vorzuziehen, erstens weil bei ersterem das Papier und nicht das Bild des Objects gespiegelt wird, zweitens weil er an jeder Art Ocular angebracht und leicht bei Seite gedreht werden kann, wenn man ihn nicht braucht, und ohne das Ocular zu wechseln die Beobachtung fortsetzen will, endlich weil die gebeugte Stellung des Kopfes beim senkrecht nach unten Sehen vermieden ist, und die ganze Construction des Mikroskops, an welchem er angebracht ist, vortheilhafter ist.

Brunner wendet bei dem verticalen Mikroskop eine *camera lucida* an, welche aus einem Prisma, vor dem sich eine senkrechte Platte mit runder Oeffnung befindet, besteht. Das Papier, auf welches man zeichnen will, legt man vor das Mikroskop und betrachtet es unmittelbar durch die Oeffnung, während das Bild des Objects gespiegelt wird. Ausser diesem letzteren Fehler ist mit dem Gebrauch dieses Apparats noch der Uebelstand verbunden, dass man das Papier vor das Mikroskop legen muss, wodurch der Zutritt des Lichts zu dem Reflexionsspiegel beeinträchtigt wird.

Wollaston's *camera lucida*, deren Idee auch den drei oben beschriebenen zu Grunde liegt, besteht aus einem rechtwinkligen Prisma, dessen Hypothenuse schräg gegen das Ocular gerichtet, aber in einem Winkel von 135° getheilt ist, so dass das Prisma vierseitig wird. Das Object wird direct und in horizontaler Richtung gesehen, während das Papier gleichzeitig von einer Seite des Prismas zur andern gespiegelt wird. Pritchard benutzt ein vierseitiges Prisma mit parallelen Oberflächen, welches an dem horizontalen Mikroskop angebracht wird; da aber der Beobachter dabei von oben nach unten sehen muss, wird auch in diesem Fall das Bild des Objects und nicht das Papier gespiegelt.

Wenn man die *camera lucida* gebrauchen will, muss man das Auge in ruhiger Lage halten, und Sorge tragen, dass das Licht, welches auf das Papier fällt, ziemlich dieselbe Intensität hat, wie das, mit welchem das Object im Sehfeld beleuchtet ist: sonst wird eines von beiden weniger deutlich gesehen. Durch Vorhalten der Hand kann man das Licht dämpfen, wenn es auf dem Papier zu hell ist. Ist das Object nur schwach beleuchtet, so ist es unter Umständen vortheilhaft, mit weisser Kreide auf schwarzem Papier zu zeichnen, oder auf durchscheinendem Papier mit schwarzer Unterlage; auch farbiges Papier kann gebraucht werden.

Um sehr grosse Zeichnungen zu erhalten, muss man Bilder des Sonnen- oder Oxyhydrogen-Mikroskops, von denen wir in der Folge handeln werden, verwenden.

Endlich erwähnen wir, dass in neuerer Zeit die Daguerreotypie zum Zeichnen mikroskopischer Objecte benutzt worden ist, allein man kann dabei nur das einfache (Sonnen-) Mikroskop verwenden, und nur die vom Object selbst, nicht die von seinem Bild kommenden Strahlen auf Silberplatten fixiren. Die Versuche, welche man gemacht hat, das auf der Platte fixirte Bild zu ätzen, um Abdrücke davon zu erhalten, sind bis jetzt noch nicht gelungen (Berres, Donné und Fourcault).

c. **Von der Aufbewahrung der Objecte.**

Viele Objecte halten sich nur kurze Zeit und müssen daher jedesmal, wenn man sie beobachten will, von Neuem dargestellt werden. Andere können allerdings aufbewahrt werden, aber nicht als mikroskopische Präparate, sondern in grösseren Stücken, von denen man jederzeit erstere darstellen kann. Das gilt von Objecten, welche in trocknem Zustand, in Alkohol, Terpentin, kurz den gewöhnlichen Präservativmitteln aufbewahrt werden können. Diese Methode ist indessen nur da anwendbar, wo die Structur unverändert bleibt. Ist das Object selten und kostspielig, oder erfordert jede neue Darstellung viel Zeit und Mühe, oder ist es schwer, ein ganz deutliches Präparat zu erhalten, so ist es oft äusserst wichtig, das mikroskopische Präparat selbst unverändert erhalten zu können, so dass man es ohne weitere Mühe jederzeit unter das Mikroskop bringen kann.

Soll die Substanz nur für wenige Tage aufbewahrt werden und befindet sie sich in einer Flüssigkeit, so kann man entweder immer wieder Flüssigkeit zusetzen, sobald Verdunstung bemerklich ist, oder die ganze Glasplatte mit dem Präparat in ein mit derselben Flüssigkeit gefülltes Gefäss legen. Ist das Object mit einem Deckplättchen bedeckt, so umgiebt man dasselbe mit einem kleinen Rand von Wachs oder Oel, um die Verdunstung zu verhüten.* Allein diese letztere Methode ist nicht überall anwendbar. Infusorien z. B. würden unter diesen Umständen aus Luftmangel absterben. Es ist besser, solche in kleineren Probirgläschen aufzubewahren, in welche man etwas Vegetabi-

---

* *Anm. d. Uebers.* Ich benutze zu diesem Zweck eine einfache, höchst praktische Vorrichtung. Dieselbe besteht aus einer starken Glasplatte und einer kleinen, etwa 3" im Durchmesser haltenden, halbkugligen, ebenfalls starken Glasglocke. Der Rand dieser Glocke ist ganz eben, aber matt geschliffen. Der Grösse dieses Randes entsprechend ist auch auf der Glasplatte eine ringförmige Stelle matt geschliffen. Man legt die Objectplatte mit dem Object auf die starke Glasplatte, deckt die Glasglocke, nachdem man ihren Rand etwas mit Talg beschmiert hat, darüber und drückt sie mit einer drehenden Bewegung luftdicht auf. Ich habe unter solchen Glocken Präparate wochenlang unverändert in Flüssigkeit erhalten. Auch zu anatomischen Demonstrationen sind diese Glocken höchst praktisch; so kann man z. B. Augenpräparate unter Wasser darunter bringen, und nun von allen Seiten, während die Präparate in der Flüssigkeit schwimmen, betrachten lassen.

lisches nahe an das Glas legt, weil die Thierchen des Lichts wegen sich gern in diese Richtung wenden. Macht man mit Ausnahme einer kleinen Oeffnung das ganze Glas schwarz, so kann man sicher sein, die Thierchen an jener zu finden, von wo man sie dann mit einer kleinen Pipette oder einem spitzen Federkiel aufnehmen kann.

Soll das Object dagegen für längere Zeit aufbewahrt werden, so muss man sich verschiedener anderer Methoden bedienen. Kann es in trocknem Zustand bestehen, so schliesst man es zwischen zwei Glasplatten ein, welche man mit Siegellack verklebt. Ist es nöthig, bei der Beobachtung etwas Flüssiges zuzusetzen, so muss man eine kleine Oeffnung zwischen den Glasplatten lassen, durch welche sich die Flüssigkeit vermöge der Capillarität einsaugen kann. Auf diese Weise kann man manche vegetabilische Substanzen aufbewahren, aber auch Knochen, Zähne und überhaupt harte Körper, welchen der trockne Zustand nicht schadet. Die meisten harten, trocknen Substanzen vertragen auch die Aufbewahrung in Firniss, Canadabalsam oder Gummi arabicum, in denen man sie auf einer Glasplatte auftrocknen lässt; Gummi springt indessen leicht, wodurch die Beobachtung gestört wird, oder löst sich von der Glasplatte ab, so dass das ganze Präparat verloren gehen kann, wenn es nicht mit einem Deckplättchen bedeckt ist. Es ist weniger vortheilhaft, das Präparat in Honig oder Syrup aufzubewahren, weil in diesen oft Krystalle durch die Verdunstung entstehen.

Einige in Flüssigkeiten befindliche Objecte, welche man nur zur Demonstration braucht, lassen sich auch aufbewahren, indem man eine dünne Lage derselben auf einer Glasplatte ausbreitet und sehr schnell eintrocknen lässt. So kann man z. B. Blutkörperchen und Spermatozoen erhalten. Am besten hebt man ein Object in derjenigen Flüssigkeit auf, in welcher es untersucht worden ist. Man legt dann das Präparat zwischen zwei Glasplatten, welche man mit Fäden zusammenbindet, und legt diese in ein mit der Aufbewahrungsflüssigkeit gefülltes Glas. Da aber die Glasplatten an den Rändern nicht geschlossen sind, so kann das Präparat leicht herausfallen. Auch ist es schwer die Präparate in Ordnung zu erhalten, wo mehrere derselben in einem und demselben Glas aufbewahrt werden. Man hat daher ein anderes Verfahren eingeschlagen und die Glasplatten hermetisch verschlossen. Man nimmt eine grössere Glasplatte, malt sie schwarz, mit Ausnahme einer kleinen Stelle, auf welche man den Körper in Flüssigkeit legt und mit einem Deckplättchen bedeckt. Den Verschluss bewirkt man durch Ueberziehen der Ränder des Deckplättchens mit einem trockenen Firniss von Copal oder Asphalt. Allein man verliert bei dieser Methode viel Zeit, die feinen Glasplättchen sind kostspielig, und oft leiden die Präparate durch Temperaturwechsel.

Ich bediene mich daher einer anderen Methode, um Präparate hermetisch verschlossen aufzubewahren. Ich nehme Glasplättchen von geeigneter und gleicher Grösse ($1^1/_3$ bis 2 Zoll), lege das Präparat auf die Mitte eines solchen, und decke ein zweites nach Zusatz von nur wenig Flüssigkeit darüber. Die Deckplättchen müssen so dünn sein, wie es die Focaldistanz der Linsen beim Auflegen des Präparates erheischt. Ist das Object nur von der oberen Fläche zu betrachten, so ist die Dicke der unteren Platte gleichgültig; dasselbe gilt von der obern Platte, wenn das Object nur bei schwächeren Vergrösserungen betrachtet werden soll. Man kittet dann die Gläser mit gewöhnlichem schwarzem Siegellack zusammen; muss sich aber hüten, keinen solchen zu nehmen, welcher durch die Flüssigkeit, in der das Präparat liegt, gelöst wird. So ist es mir vorgekommen, dass bei dem Gebrauche von wohlriechendem Siegellack bei in Terpentin aufbewahrten Präparaten, der Terpentin die Riechsubstanz löste und das Präparat trübe wurde. Das Versiegeln der Glasplatten erfordert einige Uebung. Zuerst schliesst man alle vier Seiten der Gläser mit Ausnahme einer kleinen Oeffnung, indem man den geschmolzenen Lack an den Rändern der Gläser herumlaufen lässt, und fest darauf drückt, so dass eine dünne Schicht desselben zwischen die Glasplatten eindringt. Man macht darauf den Rand glatt, indem man ihn gegen einen polirten Körper drückt, und schneidet den überflüssigen Lack mit einem Messer weg. Durch die kleine frei gelassene Oeffnung bringt man dann die Flüssigkeit, in welcher das Object aufbewahrt werden soll, ein, stellt die Gläser darauf mit der Oeffnung nach oben, so dass alle eingeschlossenen Luftbläschen aufsteigen und entweichen, und schliesst endlich die kleine Oeffnung ebenfalls zu.

Die Wahl der Flüssigkeit, in welcher das Object aufzubewahren ist, hängt von der Flüssigkeit, in welcher es untersucht ist, ab. Am dienlichsten ist mir verdünnter Alkohol, sehr verdünnte Chromsäure und besonders Terpentin erschienen; letzterer macht indessen das Präparat bisweilen zu durchsichtig, und ist, wie schon bemerkt, untauglich, wenn das Object fettige Theilchen enthält. Chromsäure färbt das Object mit der Zeit leicht zu dunkel; Alkohol dehnt sich bei Temperaturerhöhung zu sehr aus, so dass der Siegellack berstet, die Flüssigkeit verdunstet und das Präparat verdirbt, wenn man es nicht bei Zeiten gewahr wird. Es ist daher vortheilhaft, bei Präparaten, die man in verdünntem Alkohol und auch in Chromsäure bewahrt, ein kleines Luftbläschen beim vollständigen Schluss der Platte zurückzulassen. Ich besitze hermetisch verschlossene Präparate, welche mehrere Jahre in den genannten Flüssigkeiten aufbewahrt worden sind, und unter diesen sind die in Terpentin aufbewahrten ohne grossen Schaden beträchtlichen Temperaturwechseln ausgesetzt gewesen.

Fürchtet man, dass das aufgelegte Glasplättchen zu stark drückt, so kann man vorher einen dünnen Papierstreifen oder ein Härchen längs eines Randes der untern Platte einlegen; das Papier oder das Härchen wird dann durch den zwischen die Platten dringenden Siegellack verklebt. Die Austreibung der Luft ist manchmal mit einiger Schwierigkeit verbunden. Die Luftbläschen sind im Allgemeinen leicht zu vertreiben, und können zuweilen durch Erwärmen entfernt werden, wenn das Präparat eine höhere Temperatur verträgt. Endlich färbt man mit einem Firniss die Ränder der Glasplatten schwarz, braucht sie aber nicht mit einem Rahmen zu umgeben. Andere gebrauchen als Aufbewahrungsflüssigkeit Oel, Lösungen von Aetzkali, Kochsalz, Alaun, Chlorcalcium, Aetzsublimat, Arsenik und Zucker; letztere Substanz geräth indessen leicht in Gährung. Destillirtes Wasser ist nicht zweckmässig, weil sich in ihm mit der Zeit eine Menge von Molecülen absetzen, welche die Beobachtung trüben. Ist die Substanz sehr dick, so nimmt man ein Uhrglas, welches man mit einem zweiten Uhrglas oder einem flachen Glas bedeckt; allein die Convexität der Gläser stört zuweilen die Beobachtung; diese Bemerkung gilt auch für Gläser, in welche kleine Höhlungen eingeschliffen sind, in denen noch dazu die Politur nicht immer vollkommen ist. Um Objecte von grosser Dicke aufzubewahren, kann man mit einem Diamant Ringe aus einer cylindrischen Glasröhre schneiden, dieselben mit irgend einem Kitt auf einer flachen Glasplatte befestigen und mit einem eben so grossen runden Deckel bedecken. Anstatt des gewöhnlichen schwarzen Siegellacks hat man auch eine dicke Asphaltcomposition empfohlen, welche indessen in der Wärme leicht klebrig wird. Auch Damarharz oder Copal, rein oder mit Bleiweiss oder Zinnober gemischt, kann man anwenden. Auch eine Mischung von Wachs und Harz ist empfohlen worden.* Objecte, welche in Säuren aufzubewahren sind (z. B. in Schwefelsäure) müssen mit einer Substanz, welche der Einwirkung der Säuren widersteht, eingeschlossen werden. Trockne opake Körper, z. B. Injectionspräparate, schneidet man in kleine Stücke von geeigneter Form und befestigt sie dann auf einem flachen Holztäfelchen, oder lieber einem Glasplättchen, um sie mit dem LIEBERKUEHN'schen Spiegel untersuchen zu können. Man überzieht sie mit einem Firniss, und schützt sie durch ein dünnes Deckplättchen gegen Staub.

---

* *Anm. d. Uebers.* Andere nehmen auch Caoutchouklösung, welche freilich schmierig bleibt, aber dafür gestattet, dass man das Präparat jeden Augenblick herausnehmen kann, ohne dass die Glasplättchen verloren gehen. Es giebt ausserdem noch eine Anzahl von Geheimmitteln, deren Zusammensetzung wenigstens nicht allgemein bekannt ist. Collodium allein ist für die Dauer nicht passend, wohl aber Mischungen von Collodium mit Copallack.

VIERTES KAPITEL.

VON DEM SONNEN-, LAMPEN-, OXYHYDROGEN- UND PHOTO-ELEKTRISCHEN MIKROSKOP.

Alle diese Mikroskope stimmen insofern überein, als mittels einer Linse oder eines Linsensystems ein Bild in derselben Weise wie durch das Objectiv des dioptrischen zusammengesetzten Mikroskopes gebildet wird, das Bild indessen nicht durch ein Ocular vergrössert und betrachtet, sondern auf einem Schirm aufgefangen wird. In Bezug auf die Art der Beleuchtung aber stimmen sie nicht überein, indem das zuerst genannte mit Sonnenlicht beleuchtet, bei den anderen aber künstliches Licht angewendet wird. Wir haben oben gesehen, dass ein vergrössertes Bild eines Objectes dadurch hervorgebracht werden kann, dass man dieses in den Zwischenraum zwischen der einfachen und doppelten Focaldistanz einer Convexlinse bringt, und dass die Entfernung des Bildes von der Linse und seine Grösse in geradem Verhältniss zu der Nähe des Objects an der Linse stehen. Je entfernter der Schirm, desto grösser, aber auch desto undeutlicher und dunkler wird das darauf geworfene Bild; es muss daher hierbei ebensogut, wie bei der Länge der Röhre des zusammengesetzten Mikroskopes, eine Gränze für den Abstand des Schirmes gesetzt werden, wenn man ein deutliches Bild erhalten will.

Bei dem Sonnenmikroskop, *Microscopium solare*, **wird** ein beweglicher Planspiegel S auf der Aussenseite des Fensters angebracht, um die directen Sonnenstrahlen aufzufangen. Da nur diese bei diesem Mikroskop gebraucht werden können, so ist es am besten, wenn man ein nach Süden gehendes Fenster nimmt. Von diesem Spiegel werden die Strahlen auf eine grosse biconvexe Linse C geworfen, welche in dem Fenster des im Uebrigen vollständig finstern Zimmers angebracht ist. Die Linse concentrirt die Strahlen in ihrem Brennpunkt. Zu ihrer Verstärkung wird noch eine zweite biconvexe oder planconvexe Linse L angewendet.

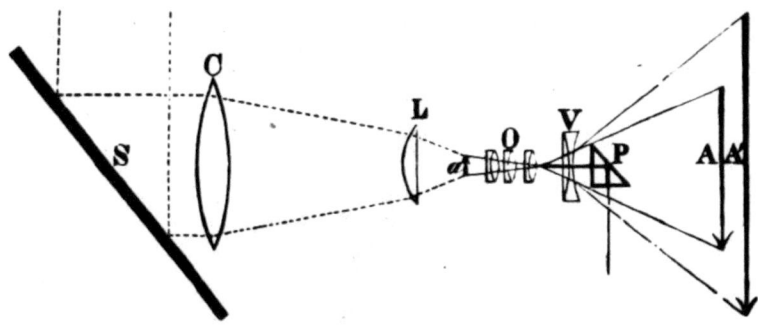

Beide Linsen sind in eine conische, auf der Innenseite geschwärzte Röhre eingefügt. Das Object a wird im Focus der Linse L angebracht, und ist daher sehr hell beleuchtet. Das Bild a wird durch ein Objectiv O aus drei achromatischen Linsen von verschiedener Stärke gebildet, und auf einen hinter dem Instrument befindlichen Schirm geworfen. Wollen wir das Bild an einer anderen Stelle haben, z. B. am Fussboden oder der Decke des Zimmers, so bringt man ein Prisma P an, welches die Richtung der Strahlen des Bildes ändert.

Sonnenmikroskop von Charles Chevalier.
(Siehe die folgende Abbildung.)

a a hölzerner Rahmen, welcher im Fenster des Zimmers angebracht wird und auf welchem die Messingplatte b b mit den Schrauben c c festgemacht ist. Der Spiegel d kann mit Hülfe der Schrauben e e in verschiedenen Richtungen bewegt werden, um der scheinbaren Bewegung der Sonne zu folgen. In die Messingplatte b b ist eine conische Messingröhre eingefügt, welche an ihrem breiteren Ende f die grössere Concentrationslinse zum Sammeln der vom Spiegel kommenden Sonnenstrahlen trägt. In dem dünneren Ende, welches eine cylindrische Röhre einschliesst, kann die Röhre g, welche die Concentrationslinse trägt, mittels des Zahngetriebes h vor- und rückwärts geschoben werden, um die Quantität der Sonnenstrahlen auf dem Object zu mässigen, welches auf der Platte i liegt und zwischen den durch 4 Spiralfedern verbundenen Platten k k festgehalten wird. Der optische Theil des Instruments besteht aus dem

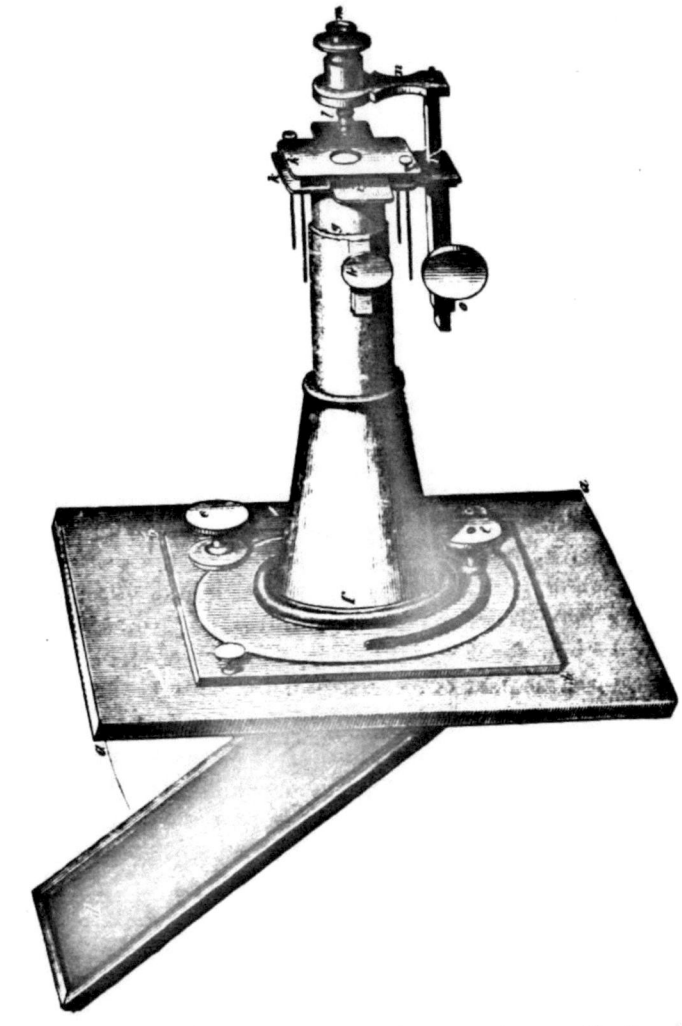

Objectiv l und der Concavlinse m, welche an dem verticalen Arm n befestigt sind, und mittels eines Zahngetriebes, dessen Handgriff o ist, dem Object näher und ferner gestellt werden können.

LIEBERKUEHN war der Erfinder des Sonnenmikroskops

(1738), seinem Instrument fehlte aber ein wesentlicher Theil, nämlich der Spiegel; es konnte daher nur während eines kurzen Abschnittes des Tages, nur so lange als die Concentrationslinse direct gegen die Sonne gerichtet werden konnte, gebraucht werden. Der Spiegel wurde durch Cuff hinzugefügt, welcher ihn zugleich auch beweglich machte, was unerlässlich ist, wenn man die Beleuchtung unverändert erhalten und das Bild auf einer und derselben Stelle befestigen will, z. B. um es zu zeichnen; da nämlich die Erde allmälig ihre Stellung zur Sonne ändert, so verändert sich auch die Lage des Bildes, und wir müssen demnach jener beständig mit dem Spiegel nachgehen. Will man die Bewegung des Spiegels sehr genau machen, so muss man einen Heliostat anbringen, welcher so construirt ist, dass der Spiegel, durch ein Uhrwerk in Bewegung gesetzt, genau der scheinbaren Bewegung der Sonne folgt. Anstatt des Glasspiegels hat Euler einen Metallspiegel angewendet. Gleichen fügte (1768) die *camera obscura*, um die Objecte zu zeichnen, seinem Mikroskop bei.

Charles Chevalier hat die kleinere Concentrationslinse in der conischen Röhre beweglich gemacht, um durch Veränderung des Brennpunkts der Sonnenstrahlen die Helligkeit zu vermindern. Wie beim zusammengesetzten Mikroskop ist dies besonders wichtig bei sehr durchsichtigen Körpern. Ausserdem werden die Objecte durch die stark concentrirten Strahlen verbrannt, lebende Thiere sterben in der Hitze, und nasse Objecte trocknen aus.

Martin wendete zuerst eine achromatische Objectivlinse an; nach ihm bediente man sich eines Objectivs aus mehreren aufeinander geschraubten Linsen. Man kann auch die Objective von einem zusammengesetzten Mikroskop benutzen; möglicherweise leiden indessen die Linsen durch die zu starke Hitze, wenn die beiden Gläser derselben durch Canadabalsam achromatisch verbunden sind. Um die Strahlen noch mehr divergent zu machen und dadurch das Bild noch stärker zu vergrössern, ohne dass man nöthig hat, den Schirm, auf welchem man das Bild auffängt, in einer grösseren Entfernung aufzustellen, hat Charles Chevalier eine achromatische Concavlinse, V Figur S. 114 (m Fig. 8. 115) hinter dem Objectiv angebracht. Wie die Fig. auf S. 114 zeigt, ist das Bild A', dessen Strahlen durch die

Planconcavlinse V divergenter gemacht sind, grösser als das Bild A, welches nur durch das Objectiv O gebildet wird.

Die Oberfläche, auf welcher man das Bild auffängt, ist entweder die Wand des Zimmers, wenn dieselbe weiss und eben ist, oder ein gewöhnlicher Holzrahmen, wie der eines Spiegels, in welchem weisses Papier ausgespannt ist. Das Bild kann dann von dem Beobachter gezeichnet werden, indem sich derselbe hinter den Rahmen stellt, und die Umrisse auf der Rückseite des Papiers nachzeichnet. Da dieses indessen beim Zeichnen nachgiebt, ist es besser, das Bild auf einer Glasplatte aufzufangen, deren Rückseite mit Papier überzogen ist. Der Schirm darf nicht zu fern vom Objectiv sein, namentlich wenn man das Bild zeichnen will, weil sonst die Beleuchtung zu schwach und die Umrisse zu undeutlich werden.

Will man das Sonnenmikroskop gebrauchen, so lässt man die directen Sonnenstrahlen auf den Spiegel fallen und concentrirt sie mittels der erwähnten zwei grossen Linsen. Das Object wird auf eine Glasplatte gelegt, welche mit einer Klammer an der conischen Röhre, welche jene Linsen trägt, angebracht wird. Die Glasplatte wird senkrecht gestellt, und das Object muss so befestigt sein, dass es nicht herabfällt; am besten legt man es daher zwischen zwei Glasplatten. Man bringt es dann in den Brennpunkt der Strahlen, oder, um die zu grosse Hitze zu verhüten, in eine kleine Entfernung davon. Es muss gleichzeitig ein wenig jenseits des Focus der Objectivlinsen gestellt werden, was man, wie beim zusammengesetzten Mikroskop, entweder durch Bewegung des Objectträgers oder des Objectivs bewerkstelligt. Obige Bemerkungen gelten für die Anwendung des Sonnenmikroskops bei durchsichtigen Körpern; bei opaken muss man sich eines LIEBERKUEHN'schen Spiegels bedienen. BREWSTER hat auch hier Linsen in Verbindung mit einer Flüssigkeit angebracht, um ein achromatisches Objectivglas zu erhalten. Das Object wird in die Flüssigkeit getaucht, und in den Focus der Linse gebracht. GORING hat einen Hohlspiegel statt des Objectivglases genommen, aber auch ein zusammengesetztes Mikroskop an der Stelle des Objectivs benutzt.

Da wir einen Gegenstand nicht zu jeder Zeit mit directem Sonnenlicht beleuchten können, hat der ältere ADAM (1771) eine

Lampe dem Sonnenlicht substituirt, während der optische Theil seines Instruments, welches den Namen Lampen-Mikroskop führt, derselbe wie beim Sonnenmikroskop geblieben ist. ADAM brachte noch die *camera obscura* an. Dieses Mikroskop ist indessen gänzlich ausser Gebrauch gekommen, weil die Beleuchtung für starke Vergrösserungen zu schwach ist.

Das Oxyhydrogen-Mikroskop ist noch im Gebrauch. Der optische Theil ist auch bei diesem derselbe, wie beim Sonnenmikroskop; der Spiegel kann allein entbehrt werden. Die Beleuchtung geschieht durch das DRUMMOND'sche Licht, durch die Verbrennung von Wasserstoff und Sauerstoff auf einer Kreidekugel in einer viereckigen Büchse, in welche die Gase aus zwei Gasometern geleitet werden. Vorsicht ist beim Mischen und Anzünden der Gase nothwendig. Noch stärkeres Licht kann durch einen elektrischen Strom erhalten werden, welchen man aus einer VOLTA'schen Batterie gewinnt und zwischen zwei Kohlenspitzen durchgehen lässt. Der optische Theil dieses photo-elektrischen Mikroskops ist ebenfalls der oben beschriebene.

Alle diese Mikroskope sind zu speciellen Untersuchungen nicht brauchbar, vortrefflich geeignet aber zu populären und unterhaltenden Demonstrationen vor einem grössern Kreis von Zuschauern. Man trifft sie meistens in den Händen reisender Künstler, welche das Publikum häufig mit den colossalen Formen, die sie auf die Wand werfen können, blenden, während die starke Vergrösserung auf Kosten der Deutlichkeit geschieht. Ausserdem ist, wie schon erwähnt, die Auswahl der Objecte beträchtlich durch den Umstand beschränkt, dass nur eine verhältnissmässig kleine Anzahl die Hitze verträgt. Die verschiedenen zugehörigen Apparate sind noch kostspieliger und brauchen viel Platz; die Darstellung der Gase erheischt einen beträchtlichen Aufwand an Zeit.

FUENFTES KAPITEL.

DAS KATOPTRISCHE ZUSAMMENGESETZTE MIKROSKOP.

Dieses Mikroskop weicht insofern von dem dioptrischen zusammengesetzten Mikroskop ab, als das Objectiv, welches in letzterem aus Linsen besteht, in ersterem durch einen Hohlspiegel ersetzt ist, welcher ein vergrössertes Bild des Objectes hervorbringt. Dieses Bild wird wiederum mit demselben Ocular wie bei dem dioptrischen Mikroskop betrachtet. Um die Wirkung des Hohlspiegels verständlich zu machen, erinnern wir kurz an einige Hauptlehrsätze der Katoptrik, d. i. der Lehre von der Zurückwerfung (Spiegelung) der Lichtstrahlen.

Wenn ein Lichtstrahl auf die glatte, polirte Oberfläche eines undurchsichtigen Körpers fällt, so wird sein Fortgang in der ursprünglichen Richtung unterbrochen, er wird durch den reflectirenden Körper, den „Spiegel", zurückgeworfen. Fallen die Strahlen perpendiculär auf denselben, so werden sie in derselben Richtung zurückgeworfen; fallen sie dagegen schief auf den Spiegel, so geschieht die Zurückwerfung unter einem Winkel gegen das auf der Oberfläche am Einfallspunkt des Strahles errichtete Loth, und dieser Winkel ist stets demjenigen Winkel gleich, welchen der einfallende Strahl mit demselben Loth bildet; mit anderen Worten: der Reflexionswinkel ist gleich dem Einfallswinkel, und zwar liegen der einfallende und ausgehende Strahl und das Einfallsloth stets in derselben Ebene. Dieses Gesetz gilt für alle spiegelnden Oberflächen, für ebene, wie für gekrümmte; denn in letzterem Falle wird die Grösse des Winkels durch das Loth bestimmt, d. i. den Radius, welcher senkrecht auf der durch den Einfallspunkt gelegten Tangente der Krümmung steht. Nehmen wir an, die Strahlen PS, AS, PS, welche dem Radius OS parallel sind, fallen auf einen Hohlspiegel; so wird der Strahl AS in derselben senkrechten Richtung, in welcher er den Spiegel trifft, zurückgeworfen. Die Strahlen PS, PS werden unter einem Winkel reflectirt, welcher dem Einfallswinkel der Strahlen mit den auf die Radien OS, OS senkrechten Tangenten gleich ist; die Strahlen treffen sich in einem Punkt, welcher zwischen der gekrümmten Oberfläche und dem Krümmungsmittelpunkt O liegt. Dieser Punkt F auf dem Radius, nach welchem die parallelen Strahlen zurückgeworfen werden, heisst der **Brennpunkt des Spiegels**. Er liegt in der Mitte des Krümmungshalbmessers, sein Abstand vom Spiegel heisst die **Focaldistanz des Spiegels**. Sind die auf den Hohlspiegel fallenden Strahlen DS, DS divergent, so werden sie nach einem Punkt D' zwischen dem Spiegel und dem Krümmungsmittelpunkt reflectirt, welcher indessen weiter entfernt vom Spiegel liegt, als der Focus der parallelen Strahlen. Je mehr sich der leuchtende Punkt dem Krümmungsmittelpunkt nähert, desto näher rückt auch der Vereinigungspunkt der Strahlen gegen letzteren, und fällt mit ihm zusammen, wenn auch der leuchtende Punkt genau in diesem Krümmungsmittelpunkt liegt. Liegt der leuchtende Punkt zwischen dem Mittelpunkt und dem Brennpunkt, so vereinigen sich die Strahlen hinter dem ersteren; sie werden parallel reflectirt, wenn sie vom Brennpunkt ausgehen. Wenn endlich die convergirenden Strahlen CS, CS auf einen Hohlspiegel treffen, so werden sie nach einem Punkt C' zwischen dem Spiegel und dem Brennpunkt reflectirt; kommen sie aus einer sehr beträchtlichen Entfernung, so verhalten sie sich wie parallele Strahlen. Wir finden hierin eine vollständige Analogie mit der Brechung der Lichtstrahlen (s. die Fig. auf pag. 8); eben so einleuchtend ist die Analogie im Gebrauch des Hohlspiegels zur Hervorbringung eines vergrösserten Bildes von einem Object. Wird z. B. das Object ab ein wenig diesseits des Focus angebracht, so wird ein von a ausgehender Strahl aS unter einem Winkel

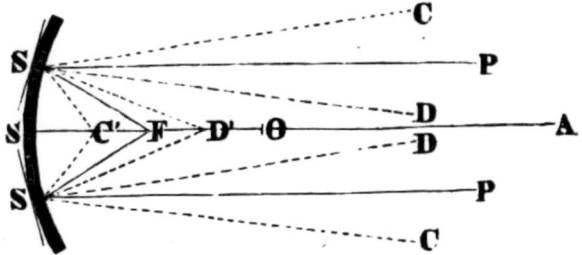

aSb nach dem Punkt A reflectirt, und in derselben Weise der von b ausgehende Strahl nach B; mit anderen Worten: mit

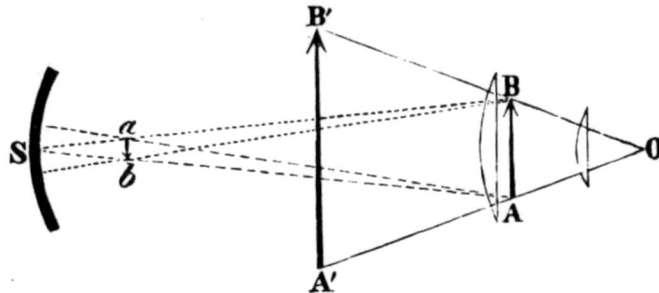

Hülfe eines Concavspiegels wird von dem Object ab ein Bild AB entworfen, welches beträchtlich grösser als das Object, zu gleicher Zeit aber verkehrt ist. (Vergl. die Figur auf pag. 24.) Dieses Bild wird nun durch die beiden Linsen des Oculars betrachtet und daher vergrössert in der Richtung OA und OB als A′B′ gesehen. (Vergl. die Fig. auf pag. 31.)

Ein nach diesen Principien construirtes Mikroskop heisst ein Spiegelmikroskop, *microscopium catadioptricum*. NEWTON (1679) gab die erste Idee zu dessen Construction an, allein BAKER scheint dieselbe zuerst ausgeführt zu haben. Nach ihm folgte SMITH (1738) und W. HERSCHEL (1774); in späteren Zeiten hat AMICI das Instrument verbessert, und DOPPLER (1851) hat wiederum die Spiegel mit ellipsoidischen Krümmungen, wie sie AMICI fertigt, empfohlen.

Katoptrisches Mikroskop von AMICI
(mit einer Modification von CHARLES CHEVALIER).

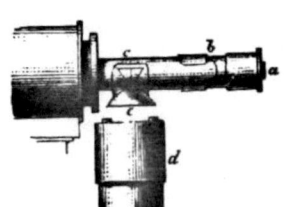

a eine Röhre, welche den Hohlspiegel b und den Planspiegel c enthält; d ist ein hohler Cylinder, welcher auf dem Objecttisch steht, und auf welchem das Object, welches man benutzt, der Oeffnung e, durch welche das Licht fällt und an welcher ein LIEBERKUEHN'scher Spiegel zur Beleuchtung opaker Objecte angebracht ist, näher und ferner gerückt werden kann. Der übrige Theil des Mikroskops ist gleich dem auf pag. 56 abgebildeten Modell, mit Ausnahme des Objectivs und des daran befindlichen Prismas.

Der Hohlspiegel wird aus Metall: Silber, oder einer Composition von Silber, Kupfer und Zinn, oder Platin, gefertigt. Ein Hohlspiegel von Glas würde kein reines Bild geben, weil bei diesem die Spiegelung an beiden Oberflächen des Glases stattfindet. Je nachdem die Krümmung des Spiegels grösser oder geringer ist, wird das Bild grösser oder kleiner, und wie bei Convexlinsen nimmt die Intensität der Beleuchtung und die Grösse des Sehfeldes mit der Zunahme der Vergrösserung und der Krümmung des Spiegels ab. Man erfährt die Stärke der Vergrösserung eines Hohlspiegels, wenn man die Sehweite durch die Focaldistanz dividirt.

Der übrige Theil des Spiegelmikroskops ist im Ganzen genau derselbe, wie beim dioptrischen Mikroskop. Anstatt das Object vertical gerade vor den Spiegel in derselben Röhre zu stellen, stellt Amici einen ebenen Metallspiegel schräg vor dem Hohlspiegel auf, durch welchen das horizontal auf dem Objecttisch liegende Object gespiegelt wird. Letzteres wird daher ausserhalb der Röhre angebracht und kann bequemer gehandhabt werden. Durch die doppelte Spiegelung entsteht aber ein Verlust an Helligkeit, theils auch weil der Planspiegel einen Theil der vom Hohlspiegel kommenden Lichtstrahlen auffängt. Amici konnte wegen der geringeren Krümmung seiner Hohlspiegel nur mit sehr starken Ocularen die Objecte stark vergrössern, wodurch wiederum das Sehfeld beschränkt, und an Licht und Deutlichkeit des Bildes verloren wurde. Goring und Cuthbert vermehrten daher die Krümmung des Hohlspiegels. Ihr stärkster hatte eine Focaldistanz von 0,3 Zoll; daraus entstand aber der Uebelstand, dass das Object so nahe an den Spiegel gebracht werden musste, dass es in die Röhre des Mikroskops kam, und die Beleuchtung sehr matt wurde.

Das Spiegelmikroskop bewahrte seinen Ruf nur kurze Zeit. Man erwartete grosse Resultate von dem Umstand, dass die Farbenzerstreuung beseitigt werden konnte, da die Lichtstrahlen nur gespiegelt und nicht, wie bei Glaslinsen, gebrochen werden; allein das gilt nur für eine Zeit, wo man noch nicht die Kunst, Glaslinsen achromatisch zu verbinden, kannte. Später erlangte es seinen Ruf aufs Neue durch die Arbeiten Amici's. Selbst wenn aber die Farbenzerstreuung aufgehoben ist, so bleibt doch die sphärische Aberration, da es eben so schwierig ist, vollkommene Hohlspiegel zu schleifen, als Linsen. Ueberdies verlieren die Spiegel leicht ihren Glanz, wodurch das ganze Instrument unbrauchbar wird. Man kann ferner mit diesem Instrument die Objecte nicht ohne Anwendung starker Oculare stark vergrössern, und wenn man, wie erwähnt, um diese zu vermeiden, stark concave Spiegel nimmt, so wird es schwer, das Object zu handhaben, weil es zu nahe an die Röhre des Mikroskops kommt oder vielmehr in dieselbe gebracht werden muss. Es ist ferner auch weniger, als das dioptrische Mikroskop, zur Untersuchung opaker Objecte geeignet. Möglicherweise kann der hohe Preis des Spiegelmikroskops durch galvanoplastische Darstellung von Hohlspiegeln verringert werden; allein dennoch ist wenig Wahrscheinlichkeit vorhanden, dass es jemals so allgemein in Gebrauch kommt, als das dioptrische zusammengesetzte Mikroskop. —